KB232668

1 인도 | India

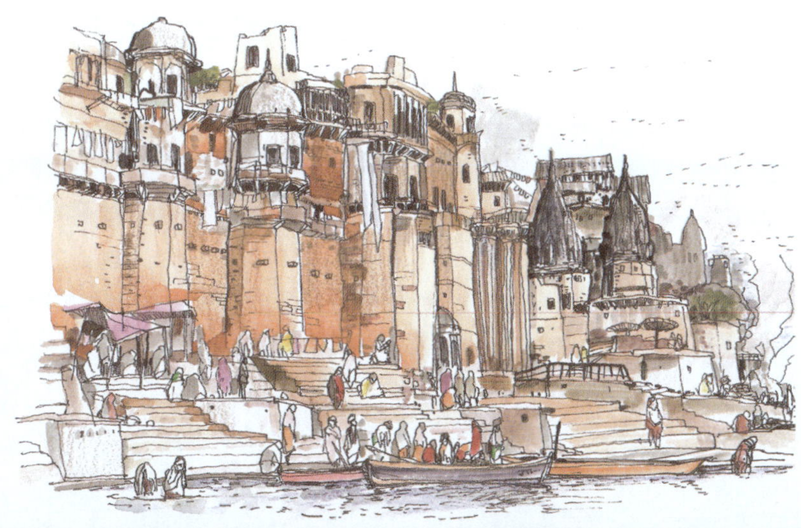

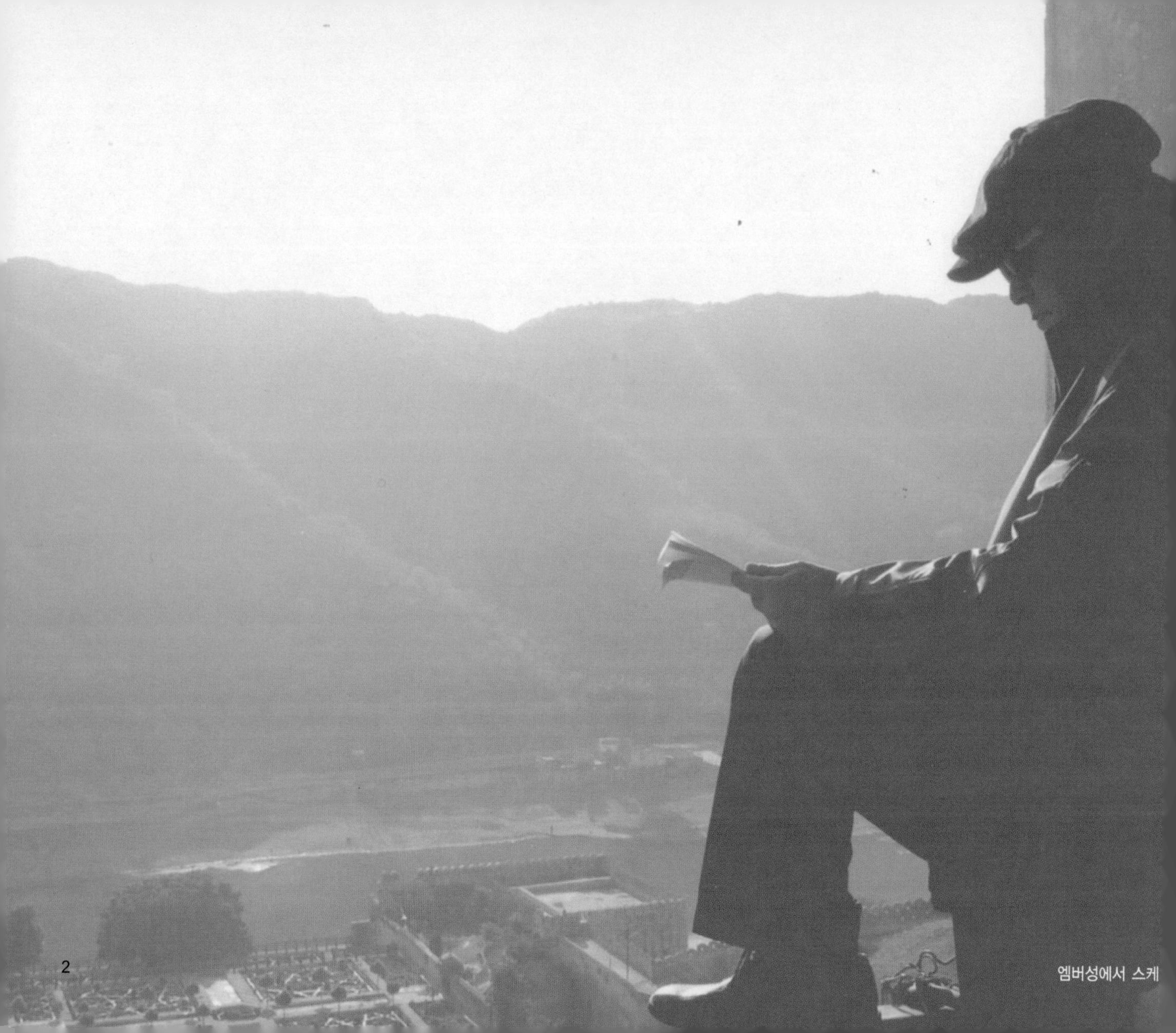

엠버성에서 스케

말 한마디 하지 않아도
그의 눈 속에는 히말라야와 갠지스 강 같은
정열과 평화가 있다.
백야의 아름다운 슬픔과
고혹적인 코발트 빛깔의 초롱거림이 있다.
그가 긋는 하나의 선에는
생활의 고단함을 어루만지는 부드러움이 있고
과감하게 비워비린 여백,
화두(話頭)의 깨달음이 있다.
말하자면
그의 예술은 인생이고
삶이다.
그래서 나는 나의 애인인 시(詩)만큼이나
그를 좋아한다.

이지엽 | 시인, 경기대 한국동양어문학부 교수

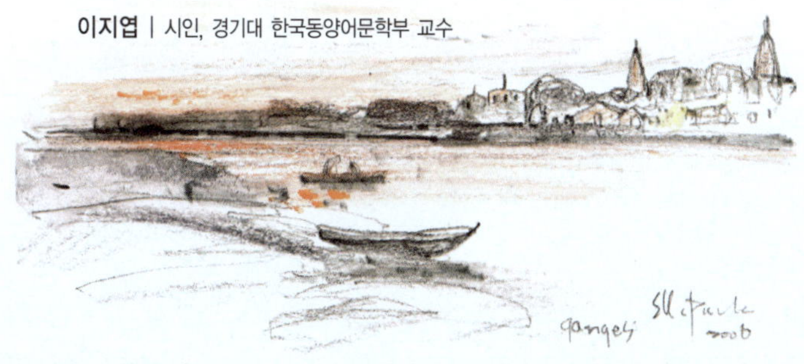

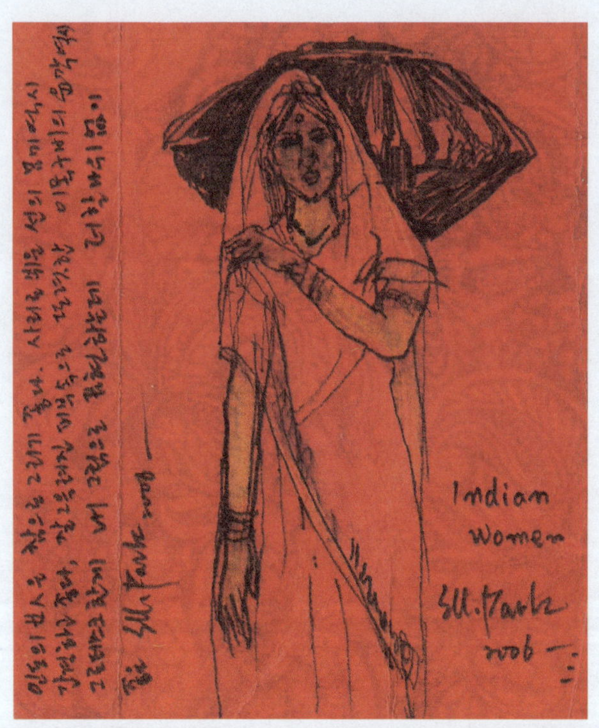
Indian women

INTERCONTINENTAL.
EROS
NEHRU PLACE, NEW DELHI

이 보

잠이 깨버린 새벽이 우리나라시간으로 오전11시 입니다
그러니까 여기서는 깜깜한 무굴제국을 찾아 헤매는 중입니다.
어떻게 비행기를 탔는지 설레던 가슴이 땅으로 꺼져 버리게 지친 몸으로
델리에서 좋다는 특급 Hotel인데 시설은 떠나 어수선 합니다.
게이트맨의 복장은 무굴제국의 병사처럼 검정 옷에 검정터번이 콧수염으로
무게를 더 해 줍니다.
오늘 찾아 헤맬 여러 동네가 이 아침 안개에 가려서 아무것도 안 보이는데
나는 오늘 갠지스에서 또 무엇을 찾을지…
하여튼 우리 일행들과 India의 혼, 넋이 빠진 숙명을 안고 사는
이사람들과 한번 부대껴 보려 합니다.

인터콘티넨탈 뉴델리 Hotel에서 2006. 1. 13.

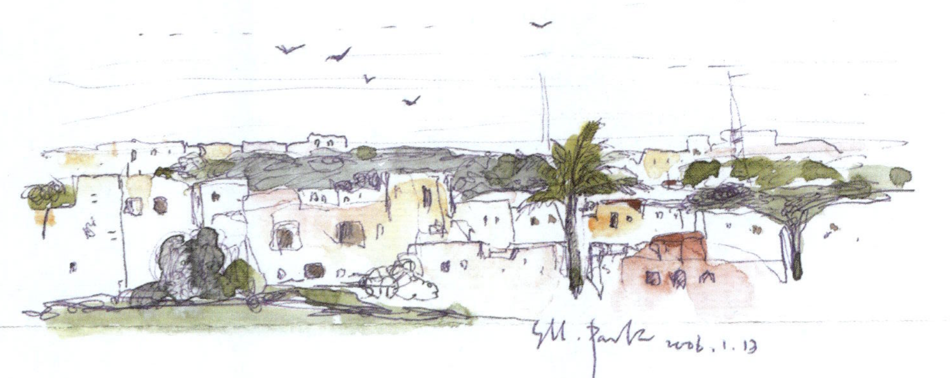

Nehru Place, New Delhi-110019, India Tel. : (11) 5122 3344 Fax : (11) 2622 4288
Worldwide Reservations Toll Free No. : 1600 111 000
www.intercontinental.com • del-nehruplace@interconti.com
A Unit of Nehru Place Hotels Limited An Eros Group Enterprises

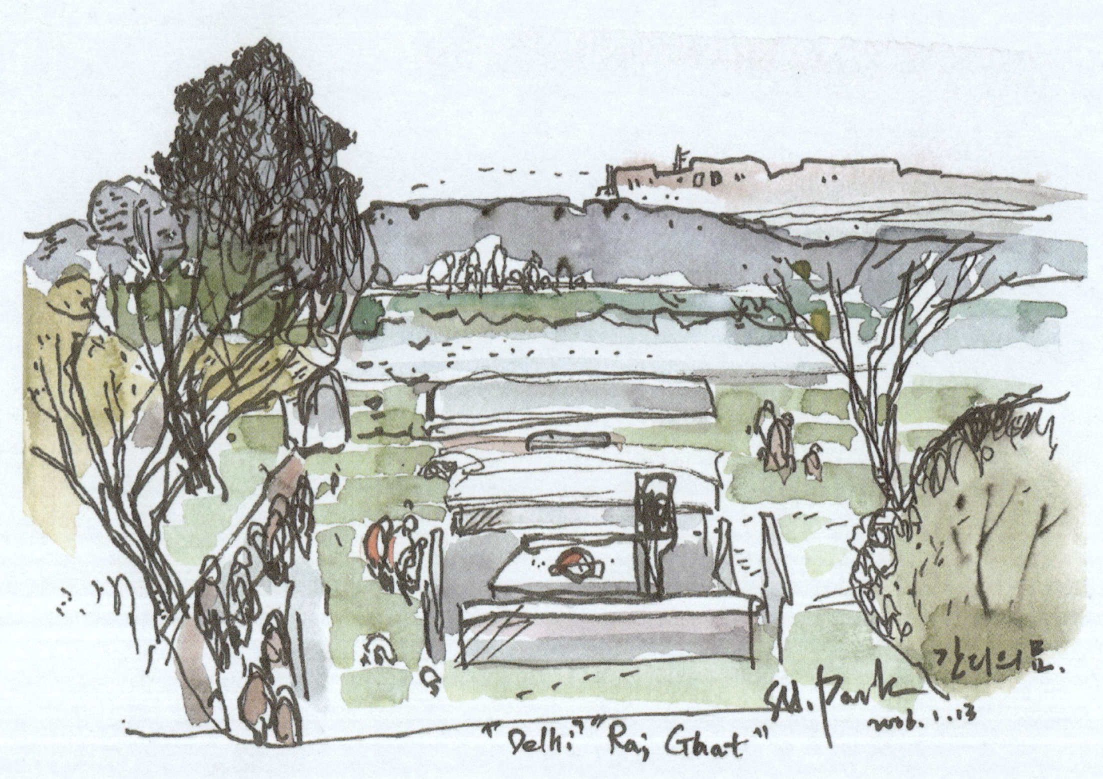

델리 – 간디의 묘역.

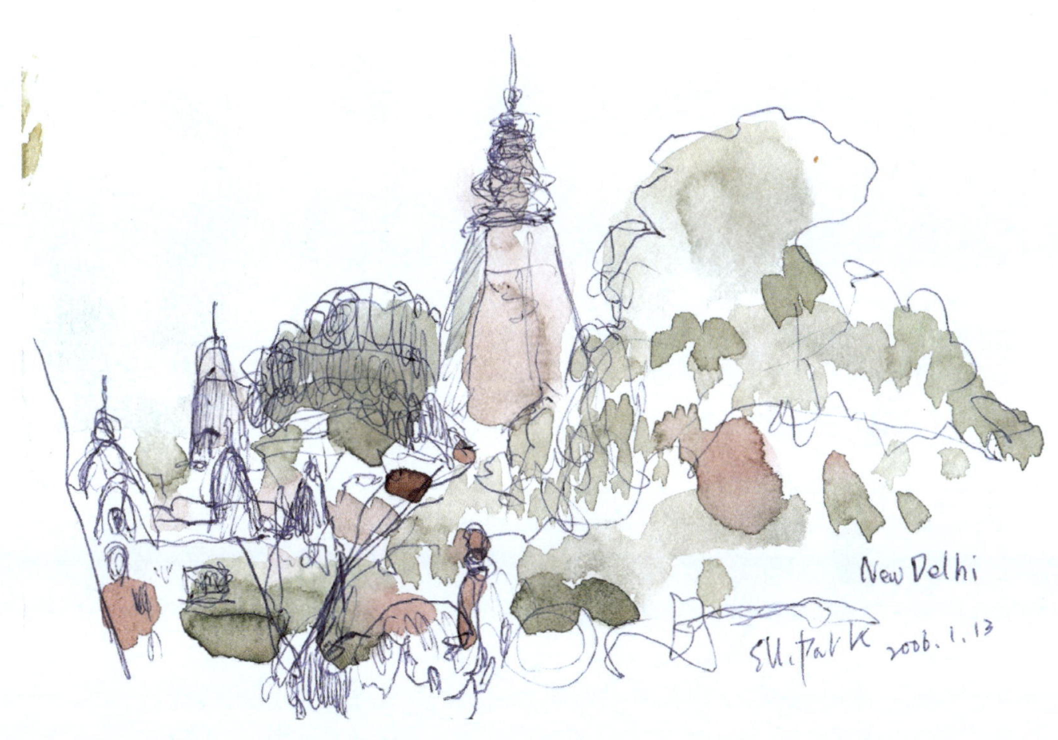

델리 – 뽀얀하늘 아래 올드델리의 힌두사원이 보인다.

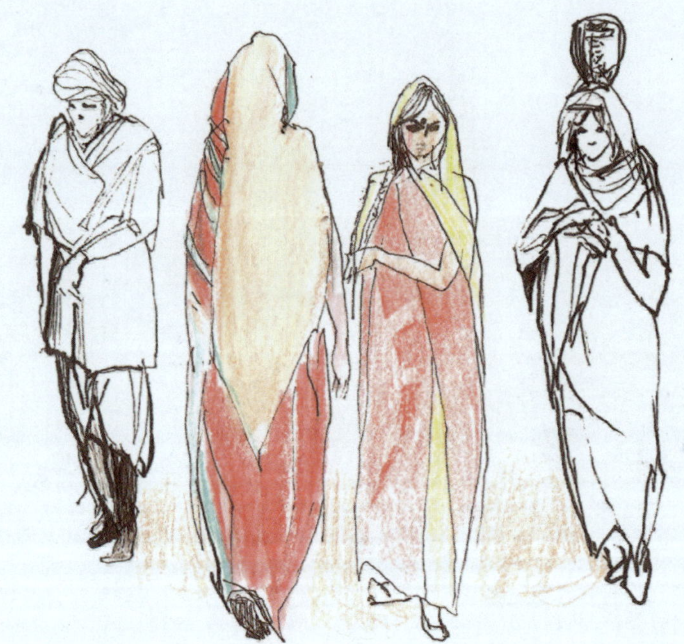

인디아 – 옴폭패인 눈에 음영이 정확하여 그림 그리기에 좋은 인도人들은 그들의 모습이 제각각 예술품이다.

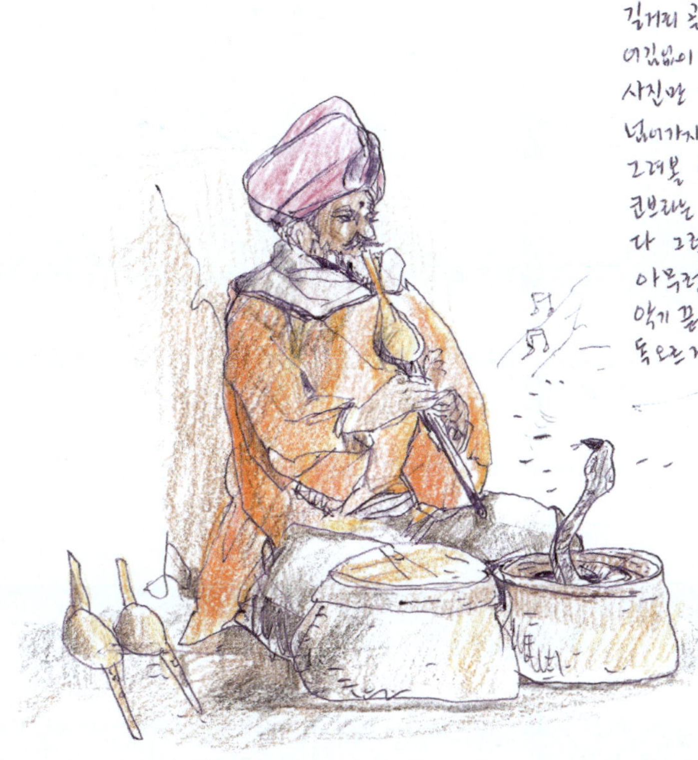
길거리 곳곳 마다, 사원 입구마다
어김없이 버티고 있는 코브라 춤 악사,
사진만 찍으면 돈 달라는 상술에
넘어가지 않고 작정. Pen을 움직여
그려볼 요량이다,
코브라는 귀먹어리 뱀이다, 모든 뱀이
다 그렇듯. 악사의 음악 소리는 고로
아무런 관계도 없다.
악기 끝으로 톡톡 쳐서, 요놈을
독오르게 해서 공격을 유도한다.
인도. 델리에서. 2006.
박성현

델리 – 코브라의 악사.

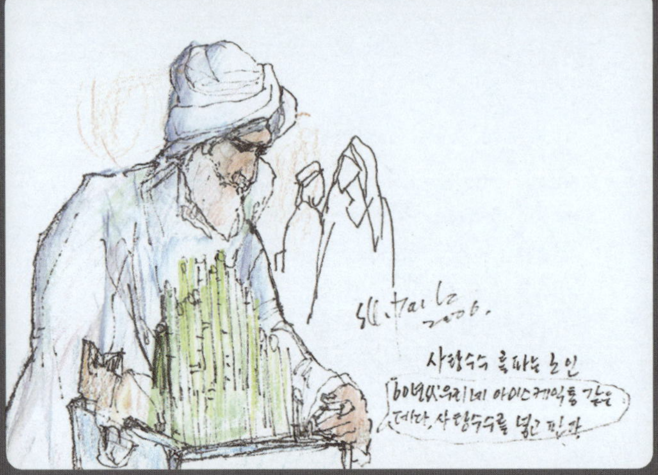

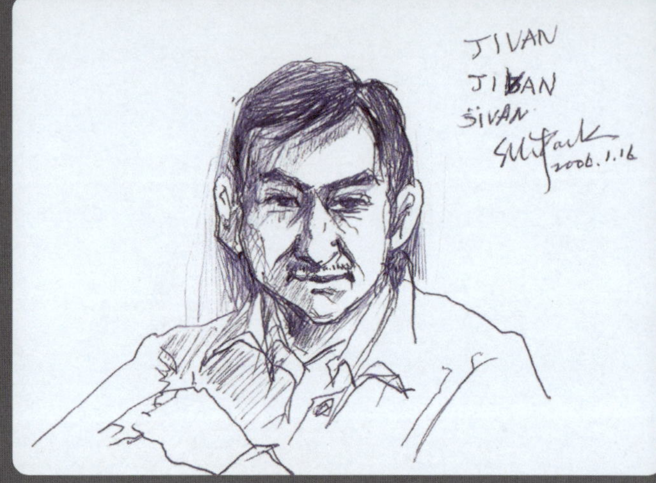

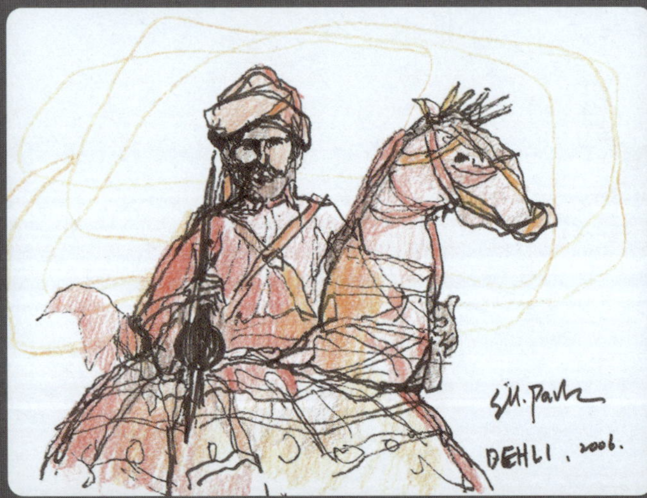

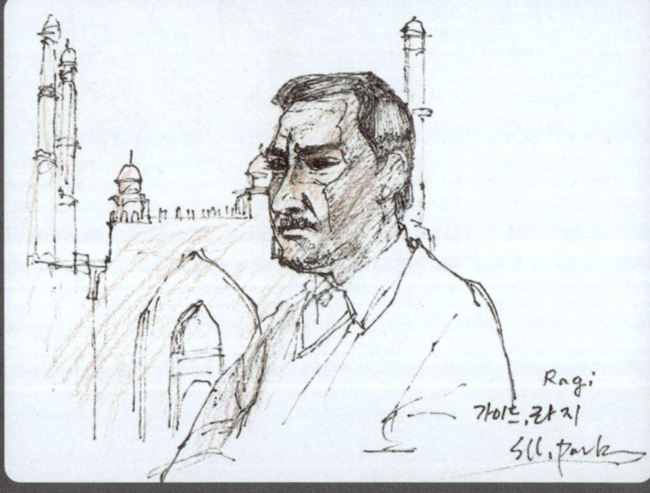

그들은 자신의 모습을 그리려고 하면 어김없이 꼼짝도 하지않고 포-즈를 취해 준다.

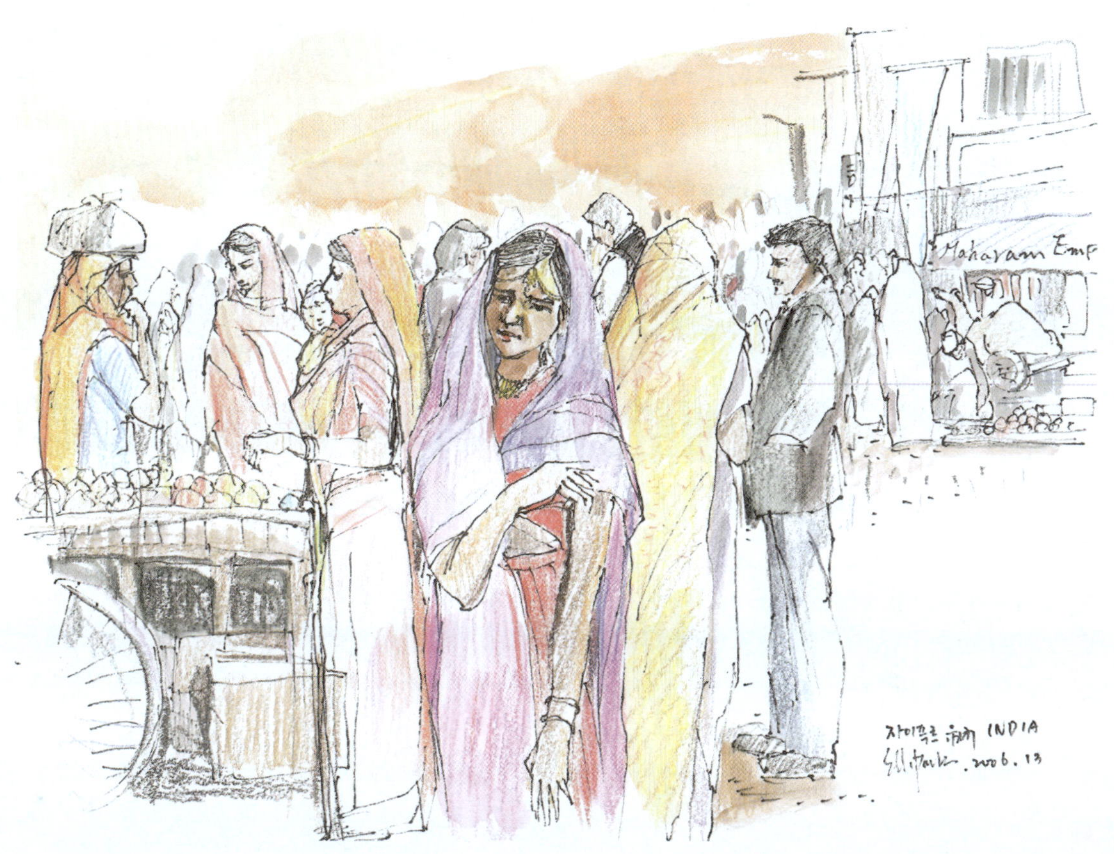

자이푸르 – 수많은 사람으로 하루종일 복작거린다.

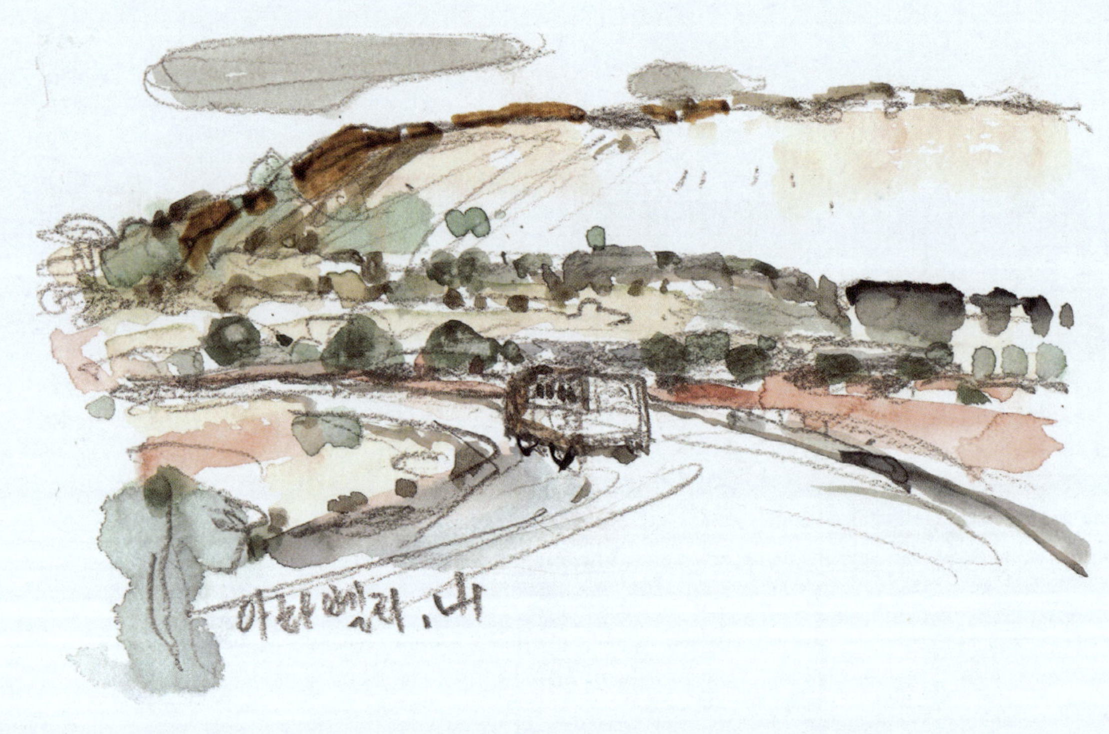

라자스탄 – 아라벨리로 길을 달리고

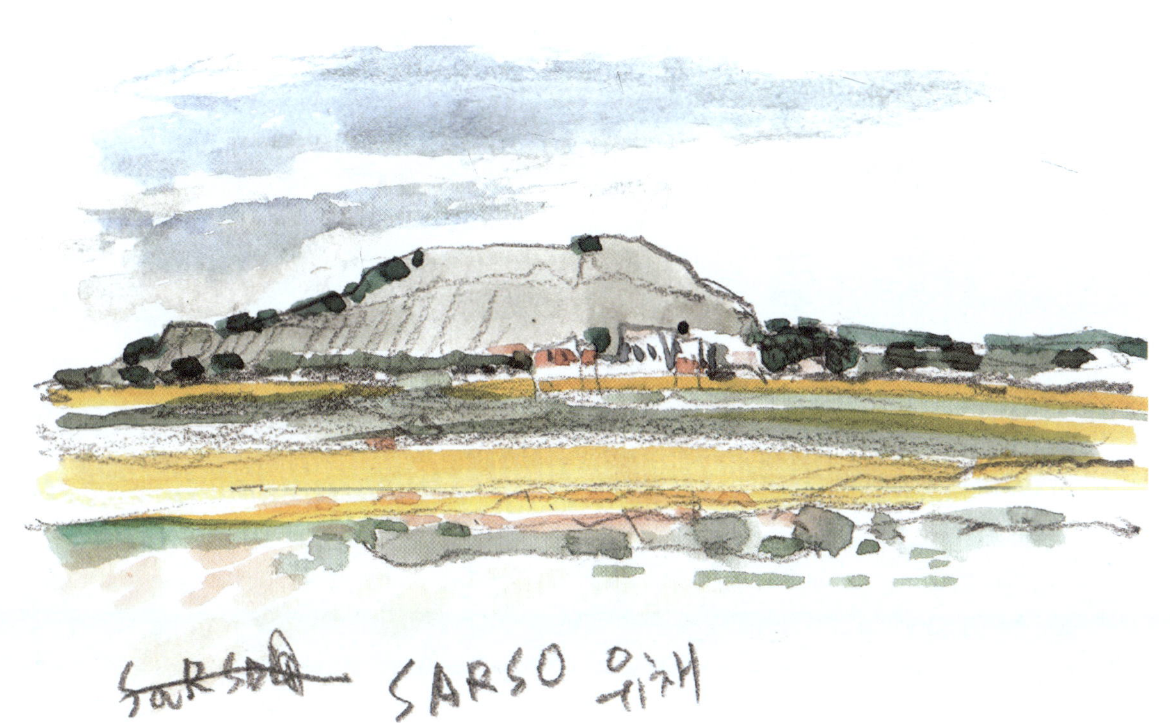

라자스탄 – 끝없이 펼쳐지는 유채밭에 오랫만에 작은 산 언덕이 보인다.

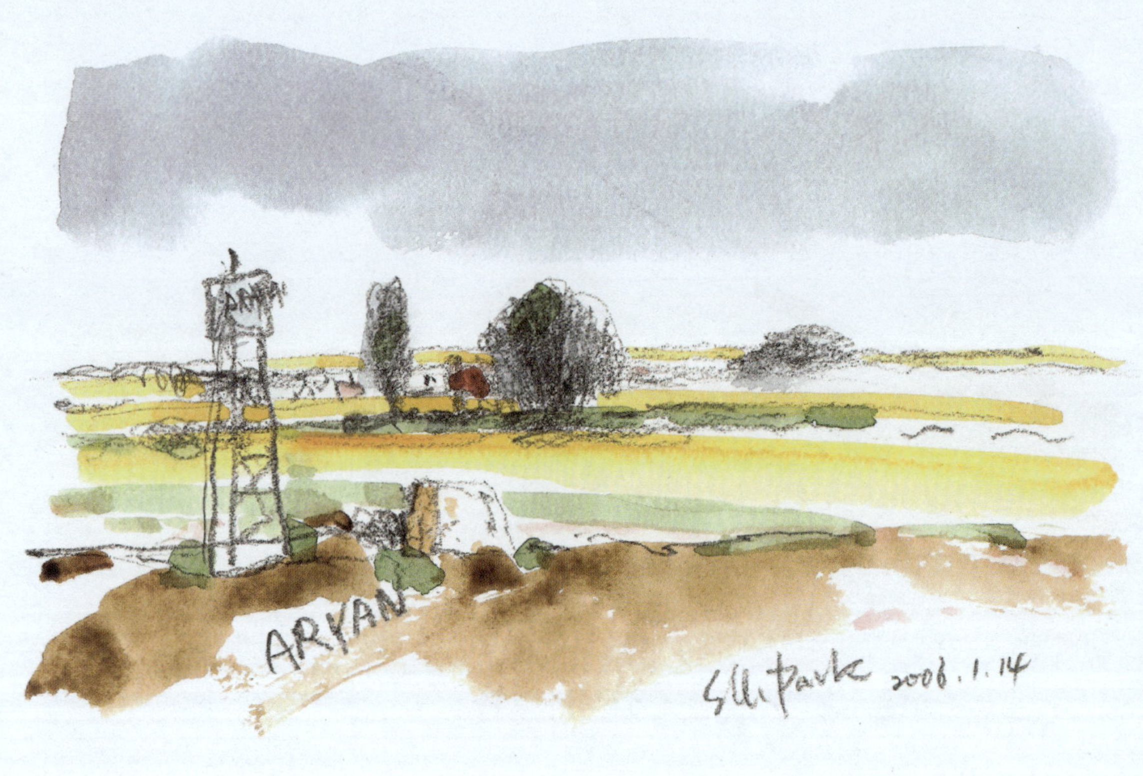

라자스탄 – 길가에는 끝없는 유채꽃이 봄처럼 나른하다.

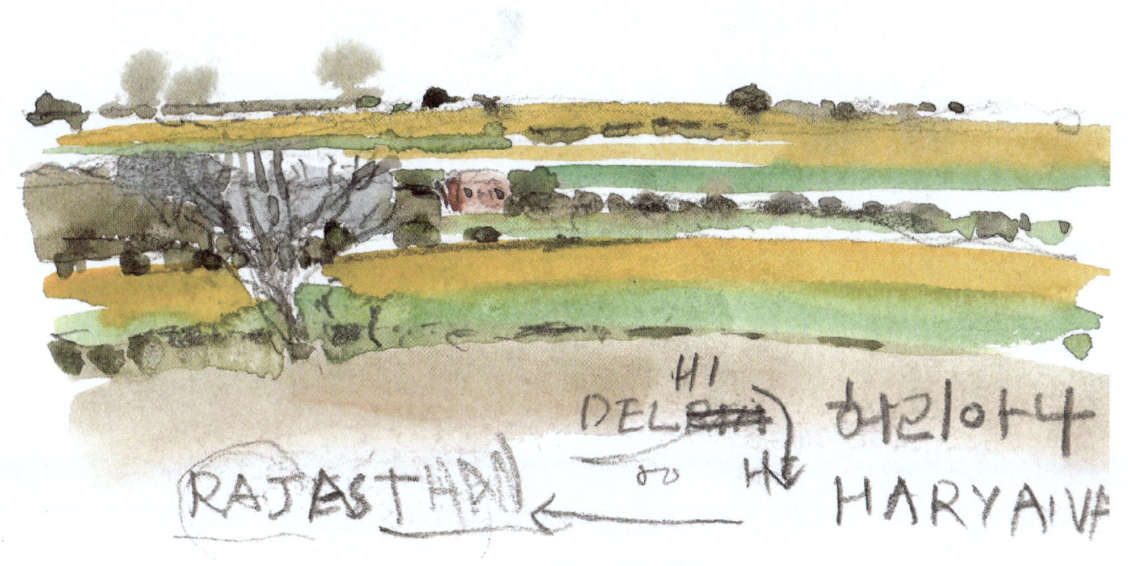

라자스탄 – 이것은 지구가 평평한 평원만 있는것 같은 착각으로 하루를 보낸다.

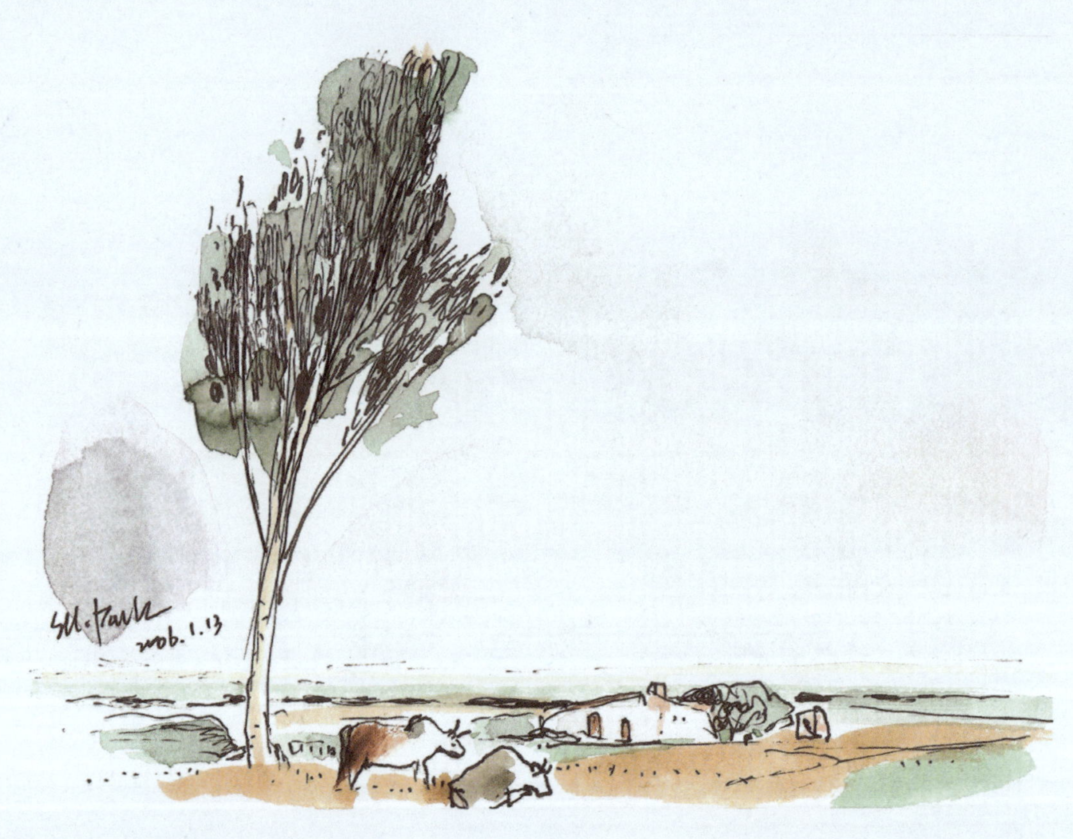

라자스탄 – 자이푸르로 가도 가도 이런 모습뿐이다.

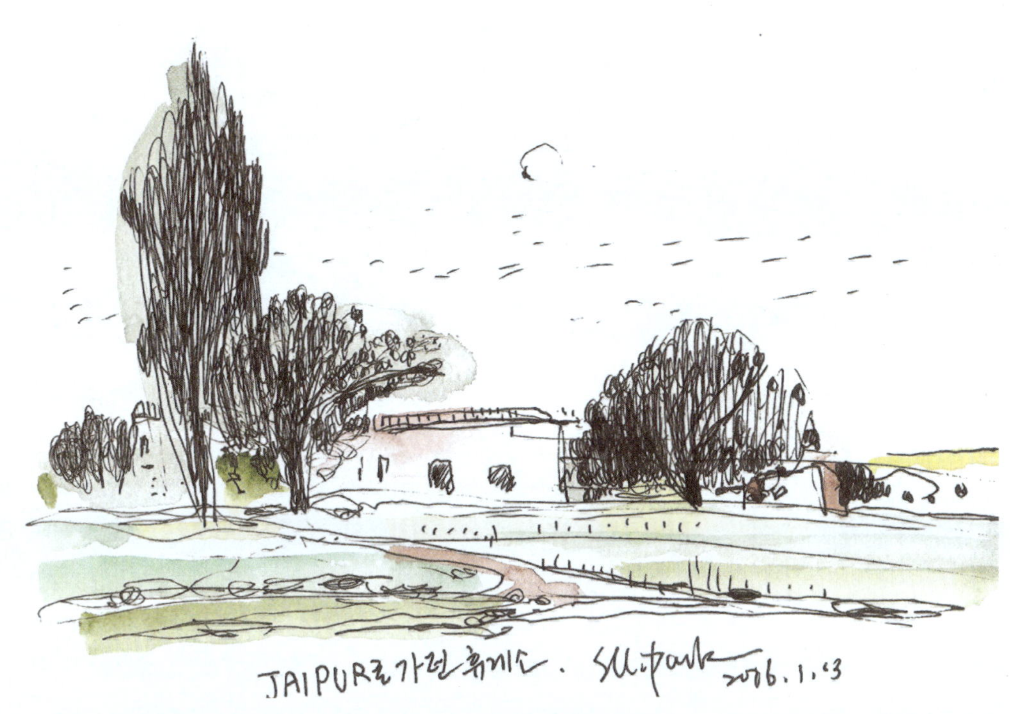

라자스탄 – 오후에 뜬 달이 하늘아래 휴게소를 만들고.

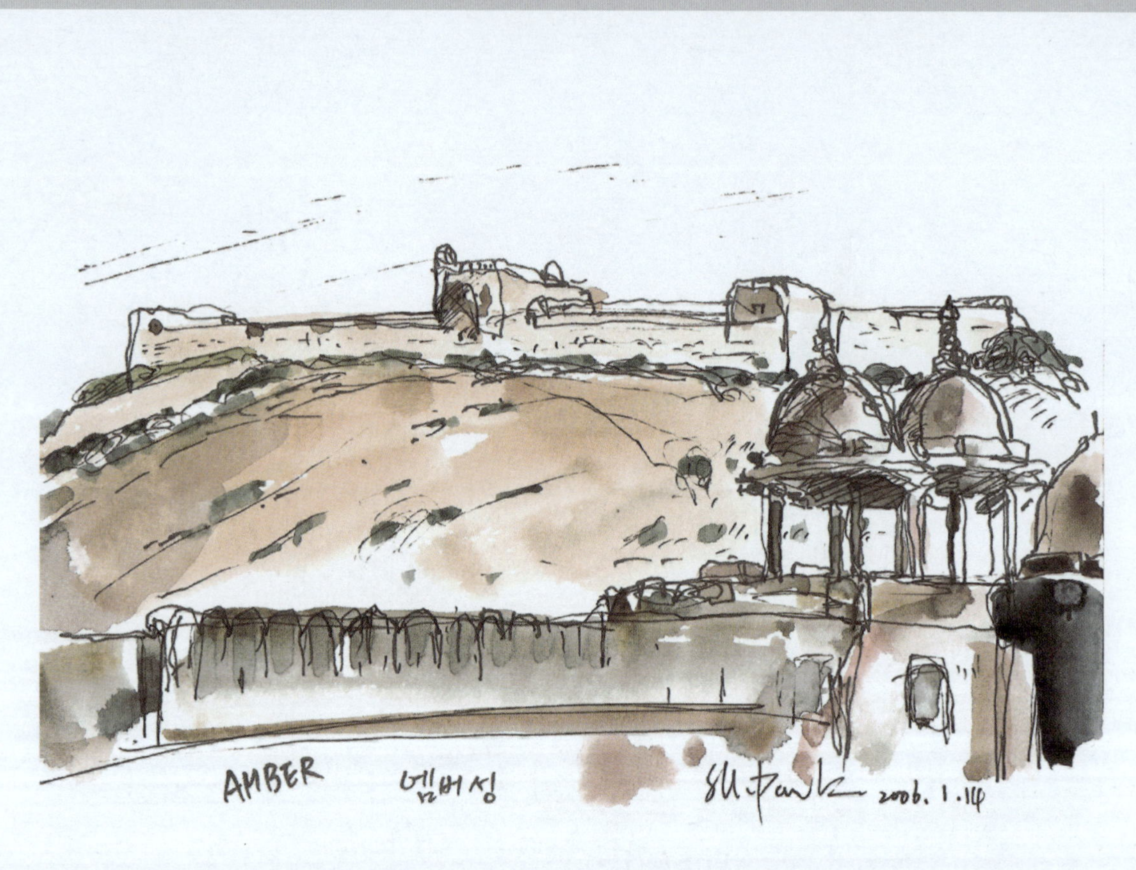

엠버 성 – 무굴의 침략을 막기 위해 쌓은 산성.

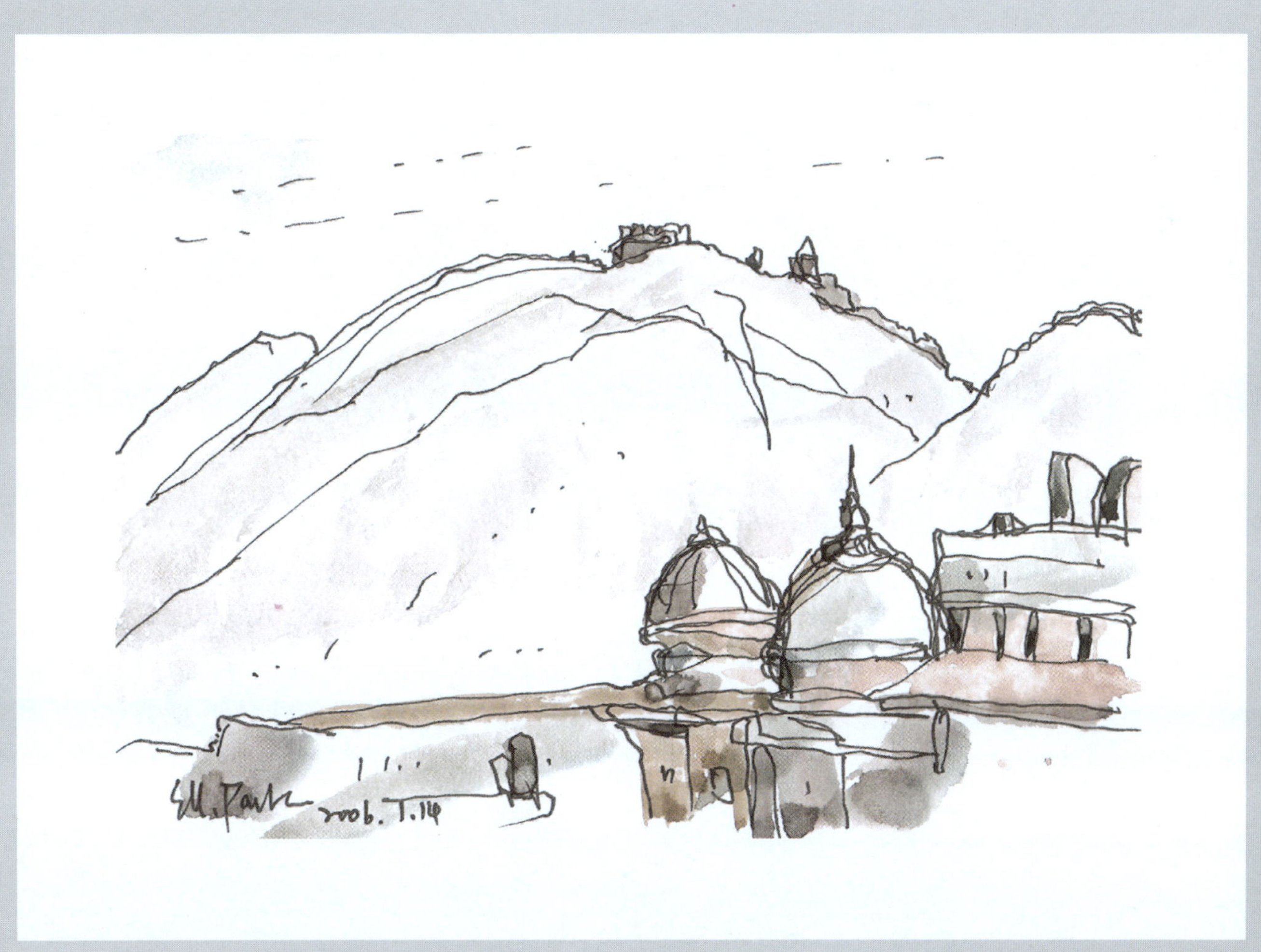

엠버 성 – 갈색 산능선이 낙타등처럼 보인다.

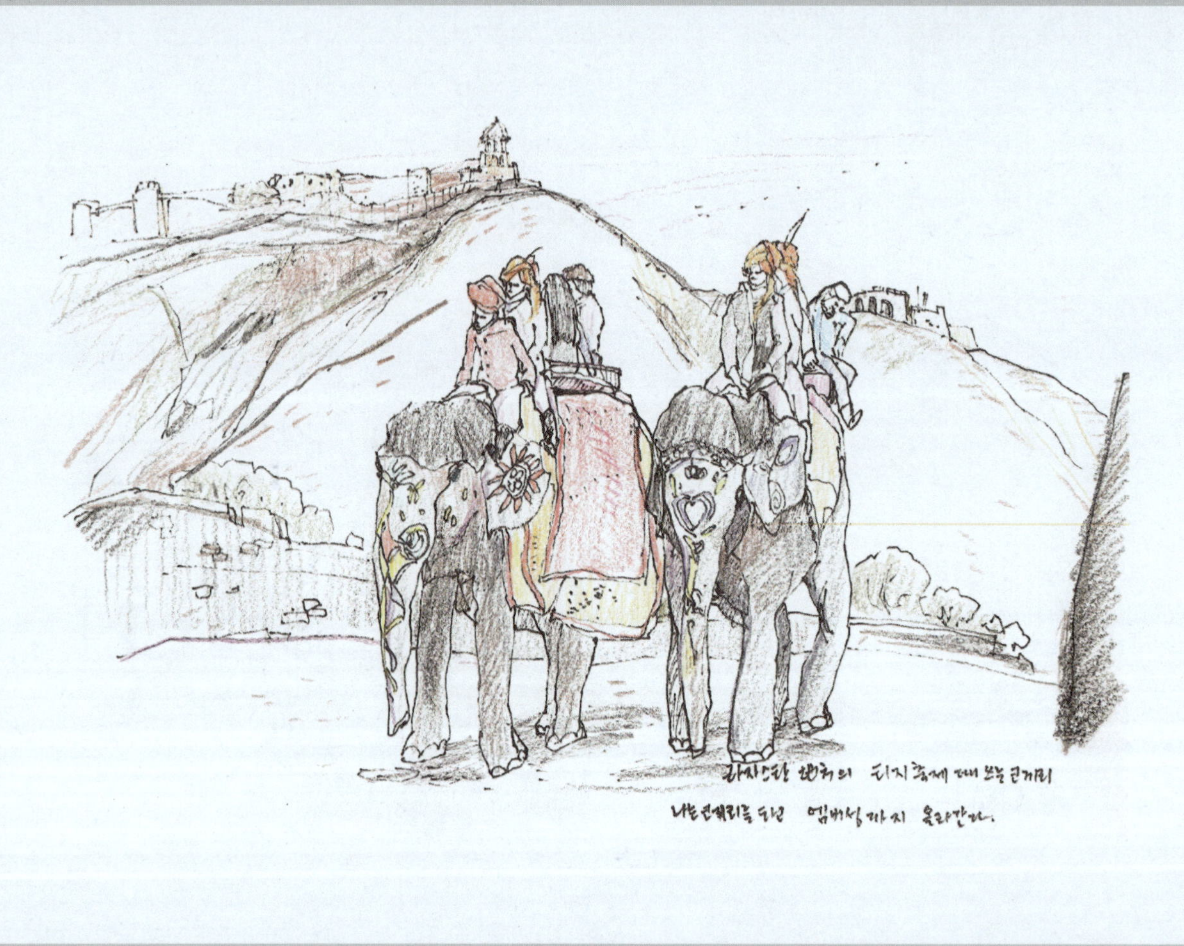

나는 코끼리를 타고 엠버성까지 올라갔다.

엠버 성으로 오르는 길

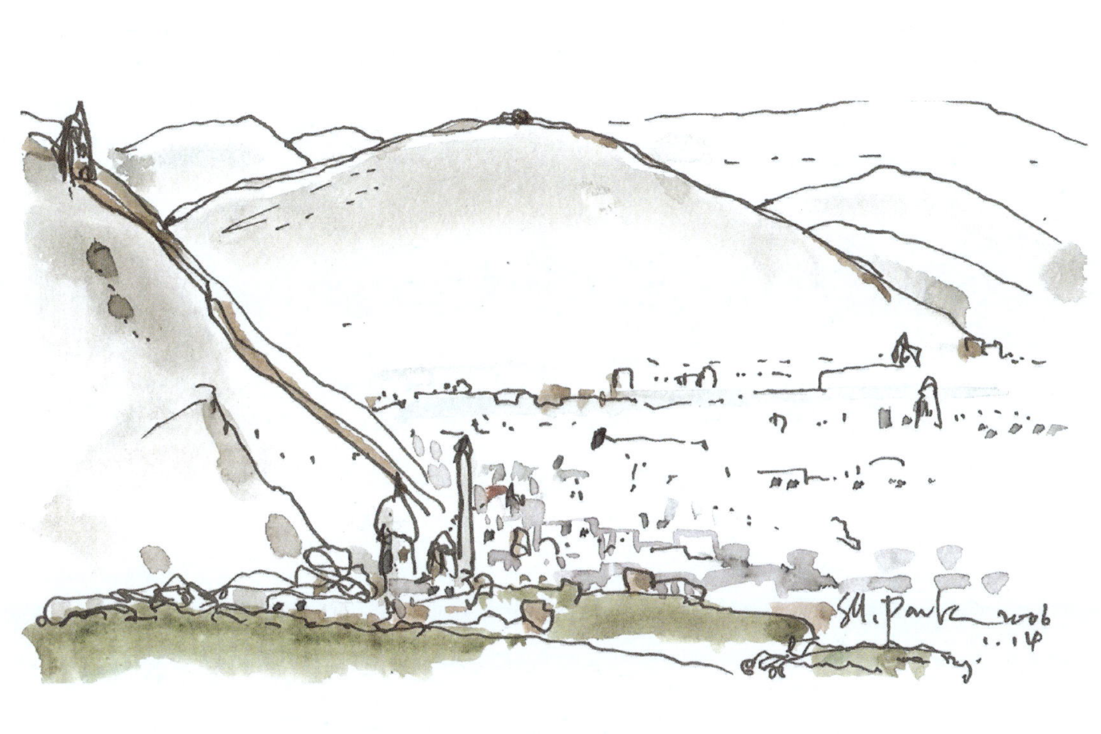

엠버 성 – 오르는 길은 코끼리 등에서 출렁출렁 펜(pen) 線이 자유롭다.

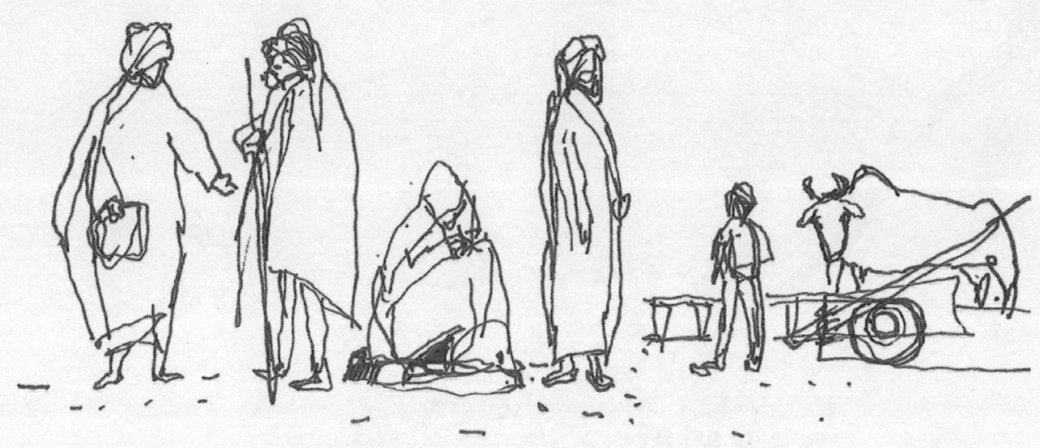

Parker 2006
India

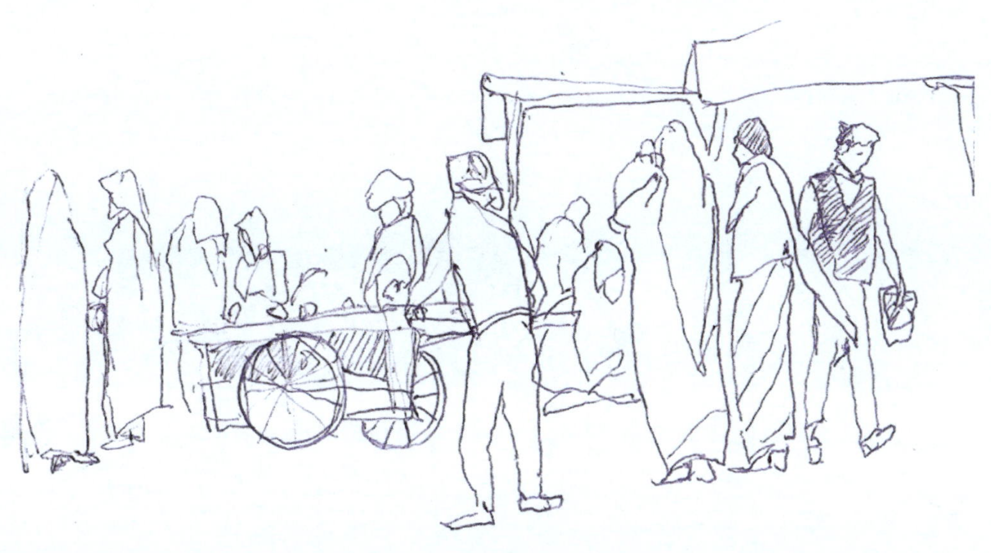
Agra
2006. 1.15

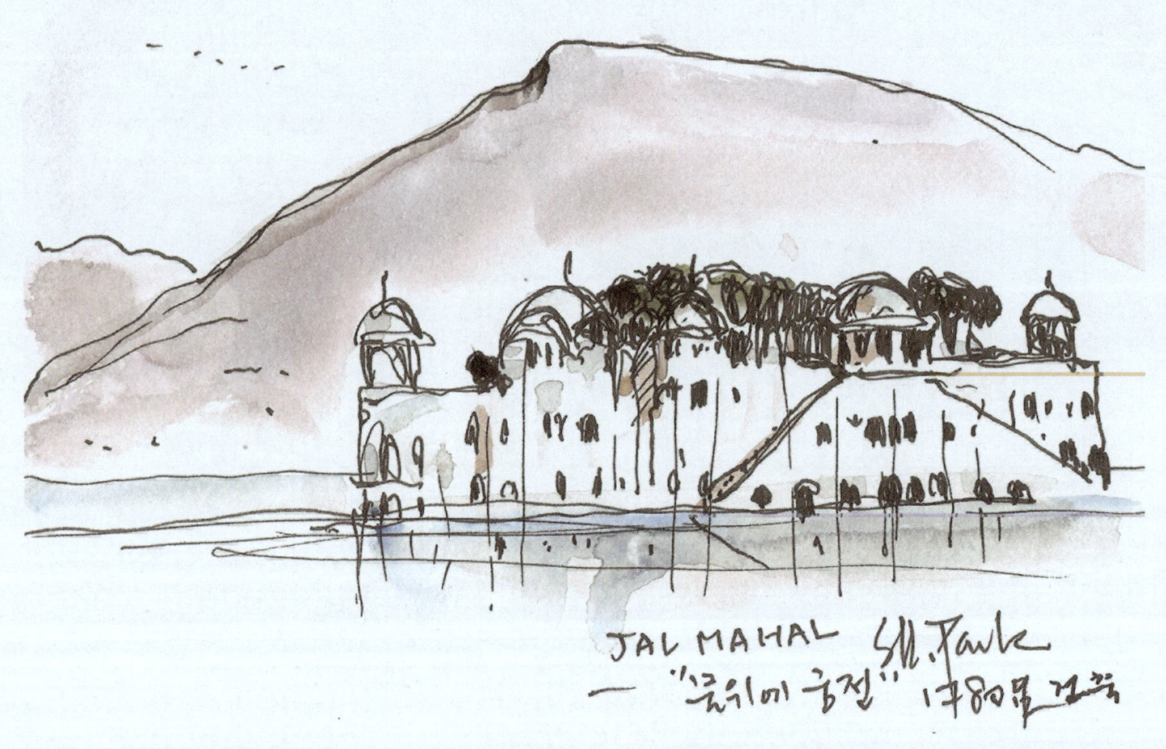

잘 마할 – 안개에 덮힌 물위의 궁전은 고요 그 자체이다.

FACSIMILE

JAYPEE PALACE
HOTEL & CONVENTION CENTRE

DATE : ______

TO : ______ FAX NO : ______ CITY : ______

FROM : ______ FAX NO : ______ ROOM NO : ______

TOTAL NUMBER OF PAGES TRANSMITTED ______ INCLUDING COVER SHEET

"아그라로 오는 길입니다 "Agra"
점심을 먹고 자전거를 타고 (인력거라고 해야 되겠지요) 한적하게로
철새들의 보금자리라고 하는 「국립 새 공원」 속으로 깊숙이 들어가 봅니다.
일행모두가 기쁜 마음인데 참으로 아름다운 늪지형 호수가 넓게 널리고
온갖 새들이 먹이 활동을 하고 있습니다. 본연의 자연이 펼쳐져 있는
대 평원위에 이만한 호수가 있는것도 갠지스의 혜택이 아닌가요.
자전거를 운전하는 브라만은 쏙 들어간 눈매에 검은 눈빛이 바람처럼 호수 속으로
빨려 들어갑니다. 코리안, 당신께서는 영어를 하십니까? 네, 의사소통이
가능해서 당신에게 고맙습니다. 가지마시고 나에게 한국말을 가르쳐 주시겠습니까?
그의 자세는 미끄러지듯이 우리의 대화를 이어 나가고,
호수에서 떠다니는 시베리아의 철새들. 몽골에서 온 메가벤 손님이 우리를 앞에
수백마리씩 떼지어 있는게 참으로 아름답습니다.
"스네이크버드"가 물속에서 뱀이 춤추듯 고개를 내밀고 있네요
그냥 스쳐가기 힘든 아름다운 호수가 살아있는 자연의 숨소리 같습니다.

2008년 1월 15일. Agra에서 —
SH.park

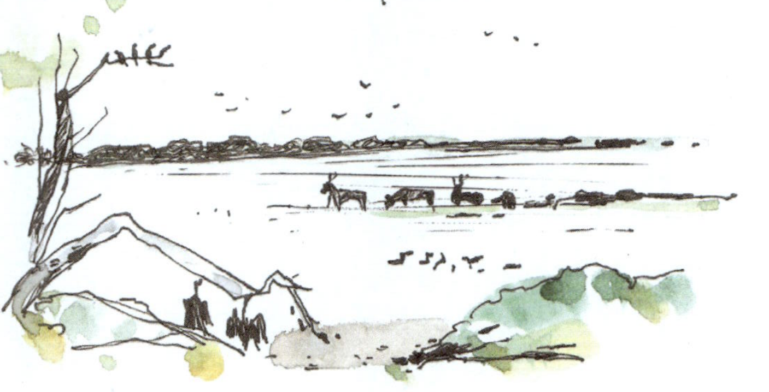

IF YOU DO NOT RECEIVE ALL THE PAGES, PLEASE CONTACT THE SENDER

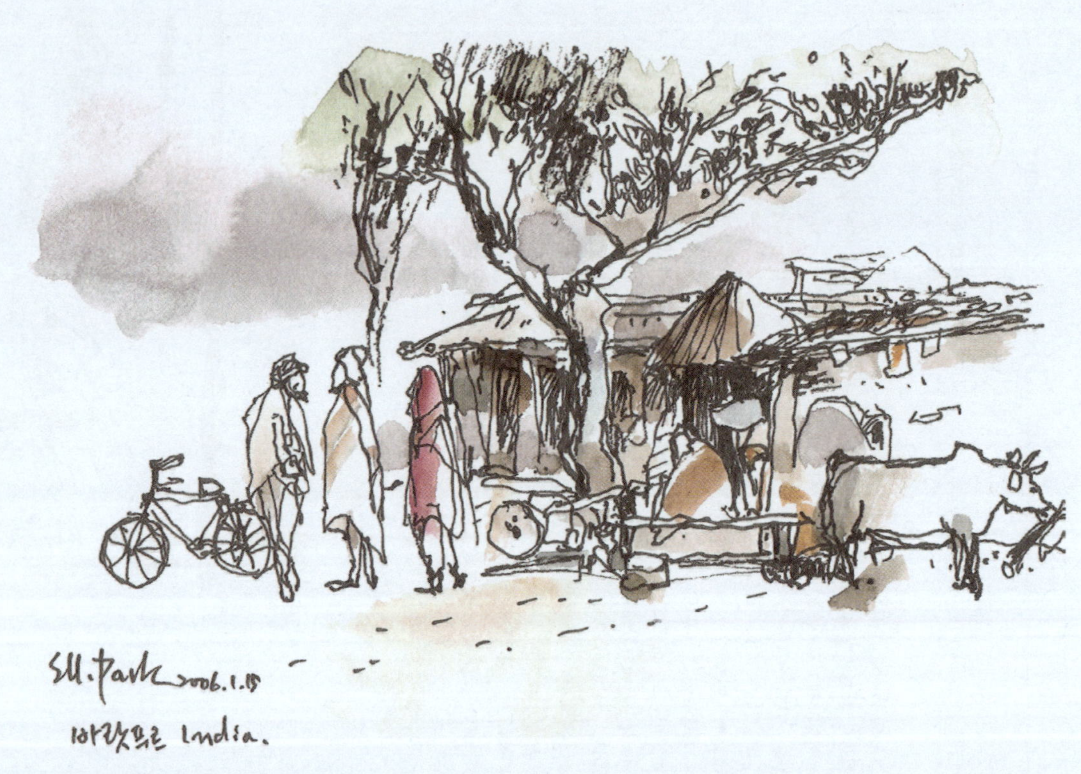

바랏푸르 – 농가에서 그들의 한가로운 대화.

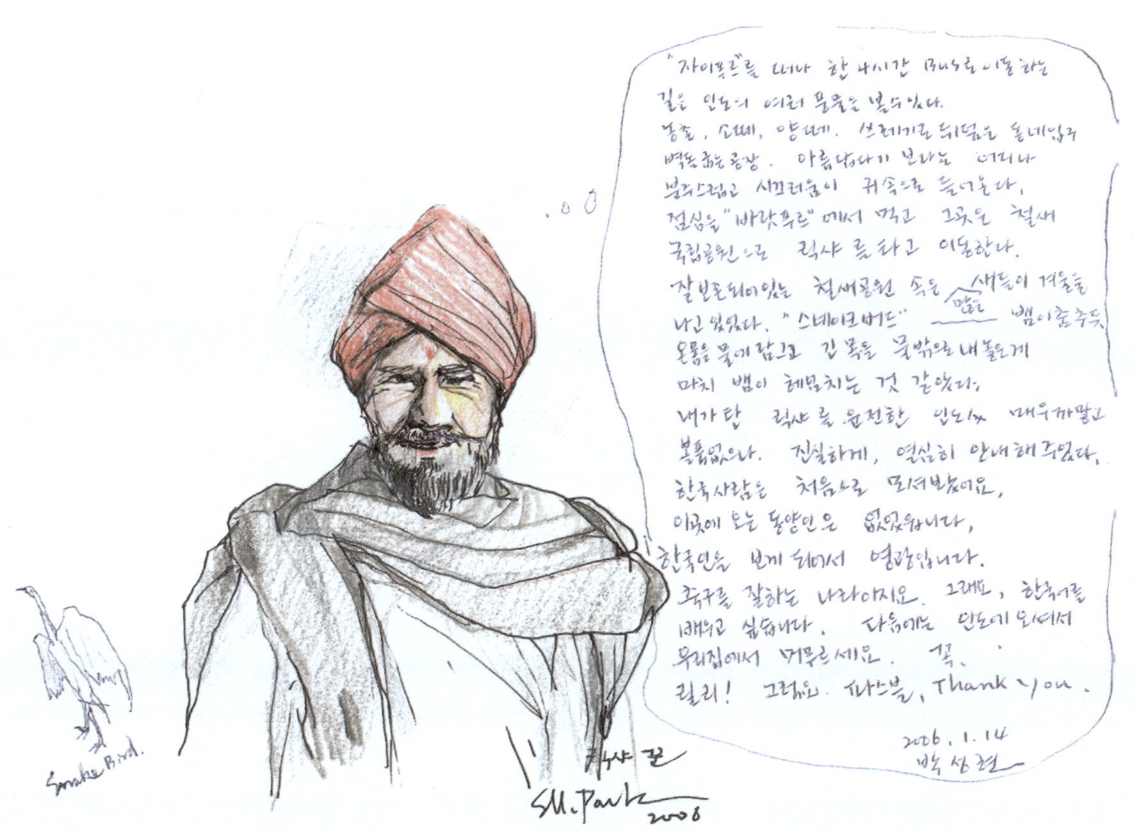
"자이푸르"를 떠나 한 4시간 Bus로 이동하는
길은 인도의 여러 풍물을 볼수있다.
농촌, 소떼, 양떼. 쓰레기로 뒤덮은 동네앞과
벽돌 굽는 공장. 아름답다기 보다는 어지러
불결스럽고 시끄러움이 귀속으로 들어온다.
점심을 "바랏푸르"에서 먹고 그곳은 철새
국립공원으로 릭샤를 타고 이동한다.
잘 보존되어있는 철새공원 속은 많은 새들이 겨울을
나고 있었다. "스네이크버드" 뱀이 춤추듯,
온몸을 물에 담그고 긴 목을 물밖으로 내놓은게
마치 뱀이 헤엄치는 것 같았다.
내가 탄 릭샤를 운전한 인도人 매우 까맣고
볼품없으나. 진실하게, 열심히 안내해주었다.
한국사람은 처음으로 모셔봤어요,
이곳에 오는 동양인은 없었읍니다,
한국인을 보게 되어서 영광입니다.
축구를 잘하는 나라이지요. 그래요, 한국어를
배우고 싶습니다. 다음에는 인도에 오셔서
우리집에서 머무르세요. 꼭.
릴리! 그러죠. Thank you.
2006. 1. 14
Snake Bird.
릭샤 꾼
SM. Park
2006

바랏푸르 – 국립철새 공원에서 만난 릭샤 운전자.

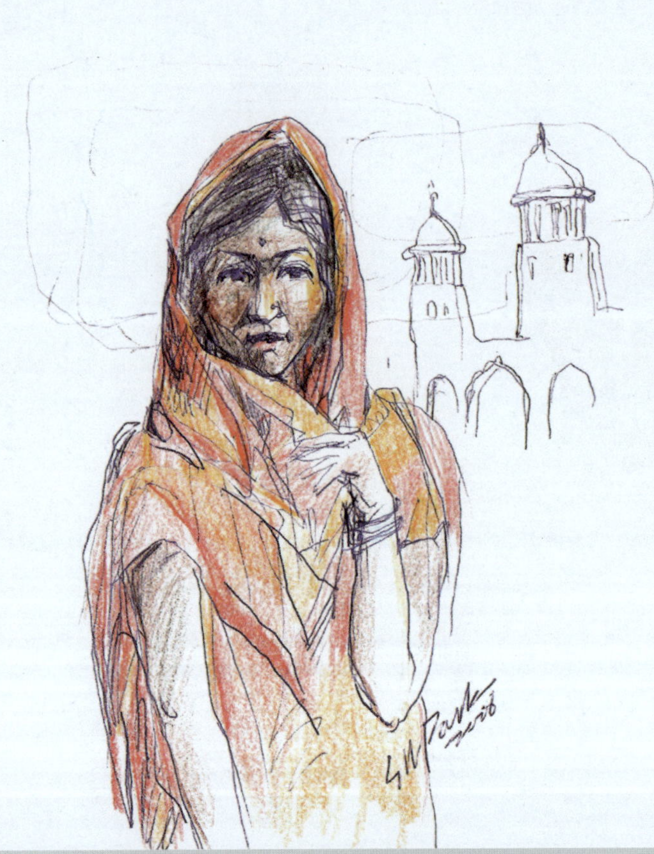

잘구어진 빠방 색갈의 피부빛이
색을 칠하기 좋아서 그 [illegible]이
매우 친근하다
인도의 여인들이 걸친 사리는
그들특유의 線이 옷밖으로 넘친다
은은한 원색의 感氣이 나를
흥분시키게 매우 좋다,

인도가 가지고 있는 氣의 形態가
그렇듯. 완만한 눈빛으로
그들을 바라보고
서두르지 말자,
. 나는 인도에서 평생을 지내도
그림을 그릴 [illegible]가 있어서
싫증나지 않는 것을 확신한다.

박성철 - 2006.1.12.

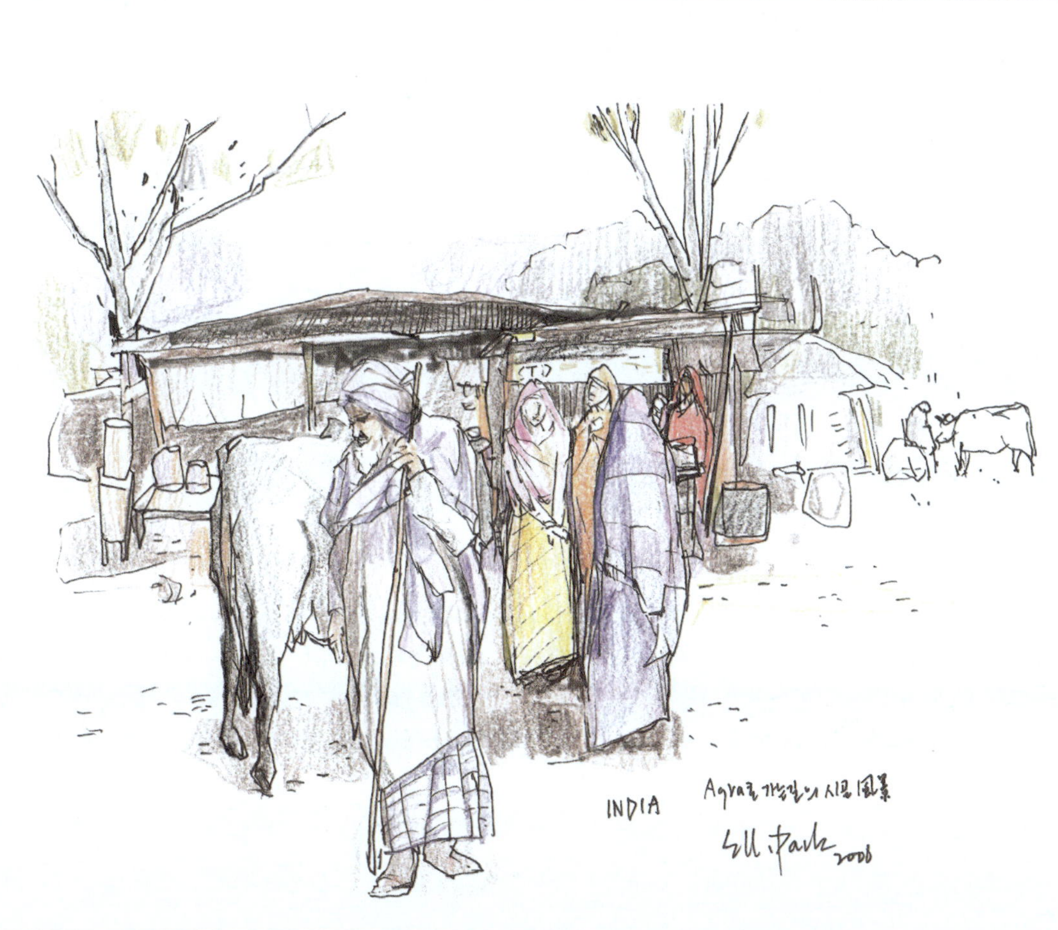
INDIA
Agra로 가는길의 시골 風景

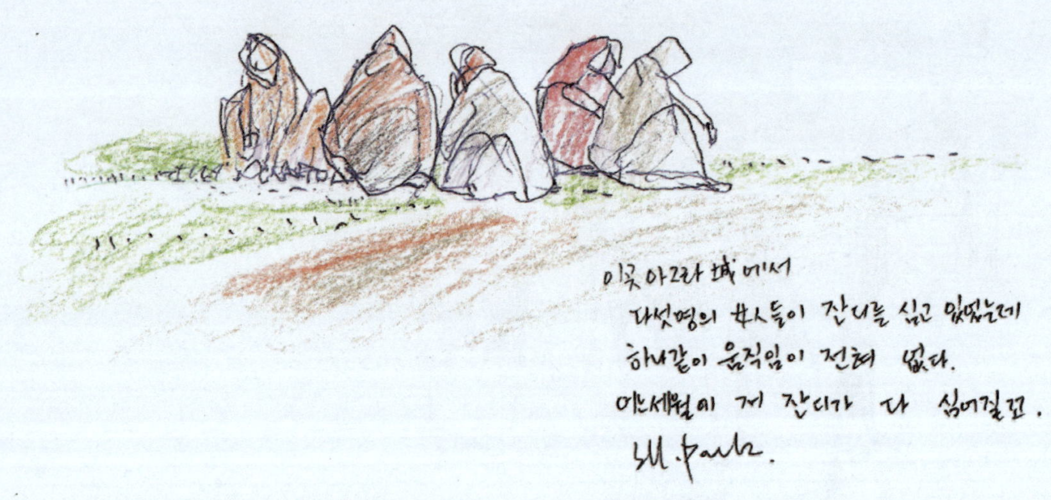

이곳 아그라 城에서
다섯명의 女人들이 잔디를 심고 있었는데
하나같이 움직임이 전혀 없다.
어느세월에 저 잔디가 다 심어질꼬.

아그라 성 – 잔디를 심고 있는 女人들.

무굴의 王은 天下의 용맹을
칼 속에 혼을 담고
백성의 가슴을 피로 적셨다.
아그라 성이 만들어진 돌위에
뿌려진 핏물이 그들의 영혼처럼
고요히 잠이 들어
풀한포기 자라지 못하는 척박한 땅위에
하늘 바람한점 없이 멈추어 버리고
오늘도 무굴왕의 영화를 칼끝에 묻어
잠자던 인도 人을 황혼에서 깨운다.
사람이 닿아 부드러진 길을
천년이 갈까만
오늘도 수많은 이방인들의 발아래 자리를 내주고
호젓이 슬픈듯이
또 한번 울부짖는다 —

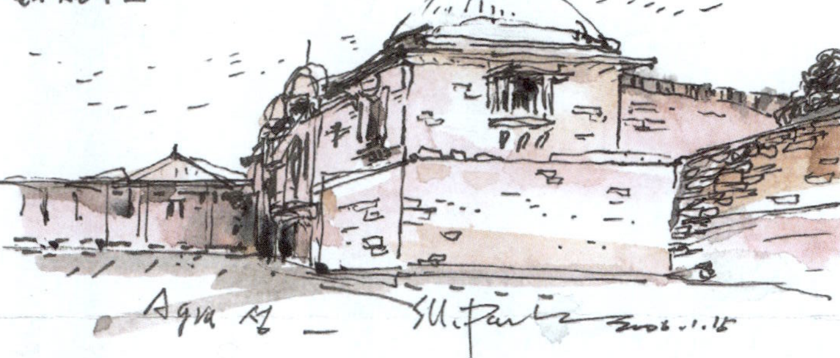

파테푸르 시크리 – 악바르대왕의 성.

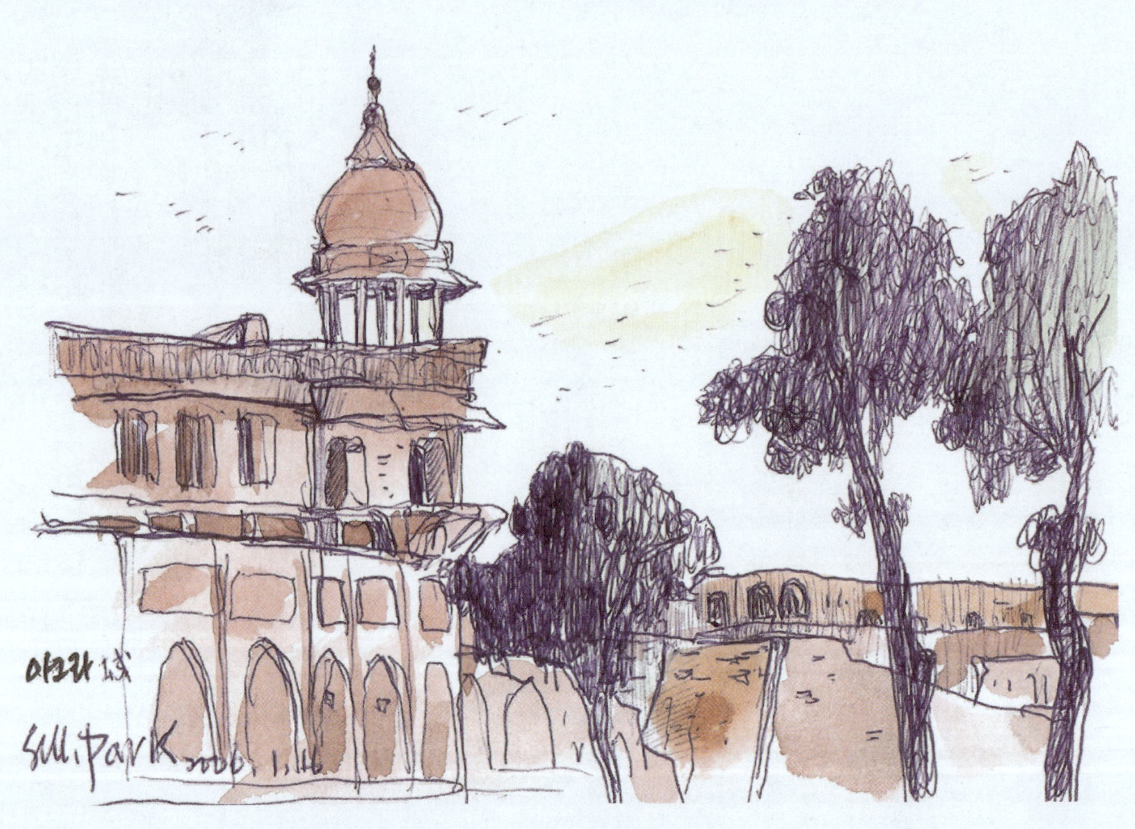

아그라 성 – 갈색사암으로 지어진 아그라 성은 그 모습이 견고하고 육중한 모습이다.

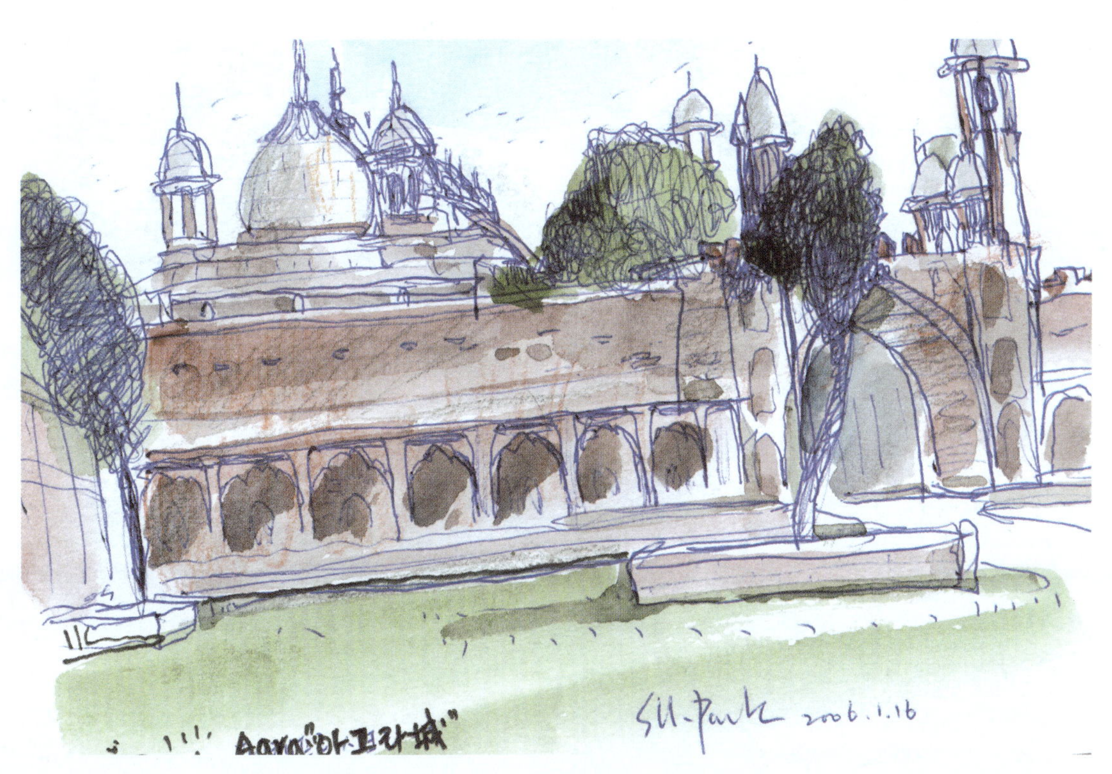

아그라 성 – 악바르왕의 왕궁으로 지어진 이곳에 아들은 샤자한 왕을 가두고 만다.

황제 샤자한은 사랑하는 왕비의 죽음을 애도하기 위하여
타지마할을 건설하는데 22년이 걸렸다.
1631~1653년 완공
세계 각지에서 아름다운 조각, 건축가, 노동자를 동원하여
국세의 5분의 1씩 들여 이 건물을 짓고 여기에 참여한
건축가의 손을 잘라 버렸다.
이렇게 국고를 낭비하고, 약간 광적이던 샤자한은 그의
아들에 의해서 아그라성에 갇히게 되는데
Agra 성에서도 타지마할이 잘 보이는 방에서
눈물을 흘리며 왕비 묘지를 그리워 했다고 한다.

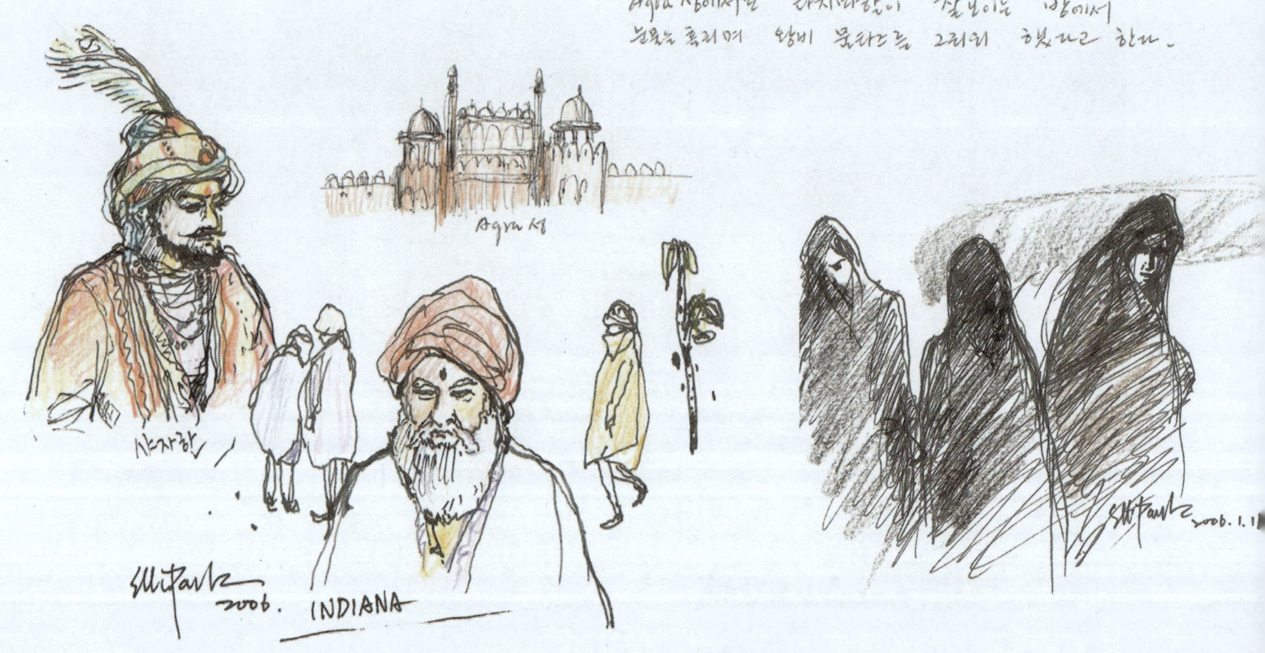

JAYPEE HOTELS

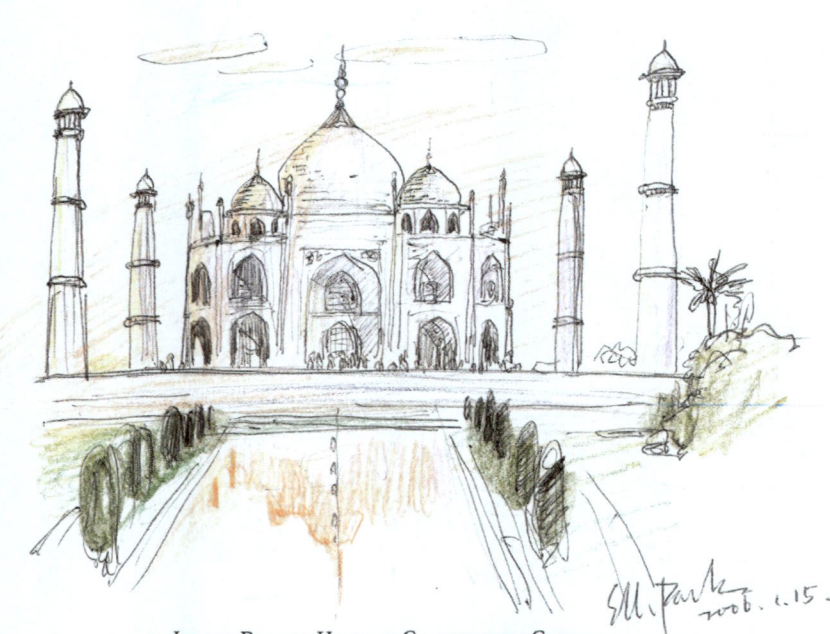

Delhi 에서 200Km 떨어진 Agra에 오면 무굴제국의 영화를 볼수있다
악바르 왕에 의해 왕궁으로 만들어진 아그라성은 붉은 사암으로 엄청난 규모의
잘지어진 성의 도시이다
아들과 손자를 잘 용성 시킨 아크바는 샤 자한이 사랑하는 아내
뭄타즈 마할의 죽음을 애도해 지은 아름다운 무덤에 황혼의 빛이
하얀 대리석으로 지어진 타지마할에 붉게 빛난다.
타지마할 뒷편으로 흐르는 야무나 江은 그 모습이 더 유유하고 아름답다.

Agra 타지마할에서. 박성현

2006. 1. 15.

JAYPEE PALACE HOTEL & CONVENTION CENTRE
FATEHABAD ROAD, AGRA-282 003. INDIA. TEL: (0562) 2330800. FAX: (0562) 2330850.
E-MAIL: jpa@jaypeehotels.com WEBSITE: www.jaypeehotels.com

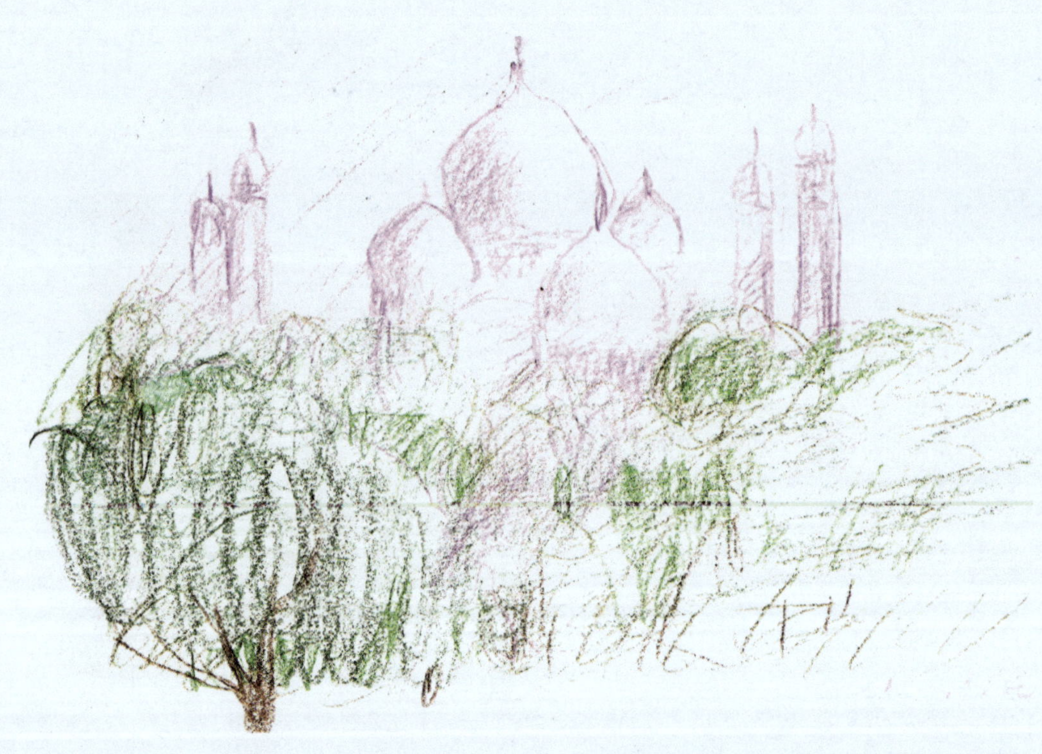

타지마할 – 뿌연 안개 속에 보이는 타지마할은 신비의 모습으로 내 눈을 아른거리게 한다.

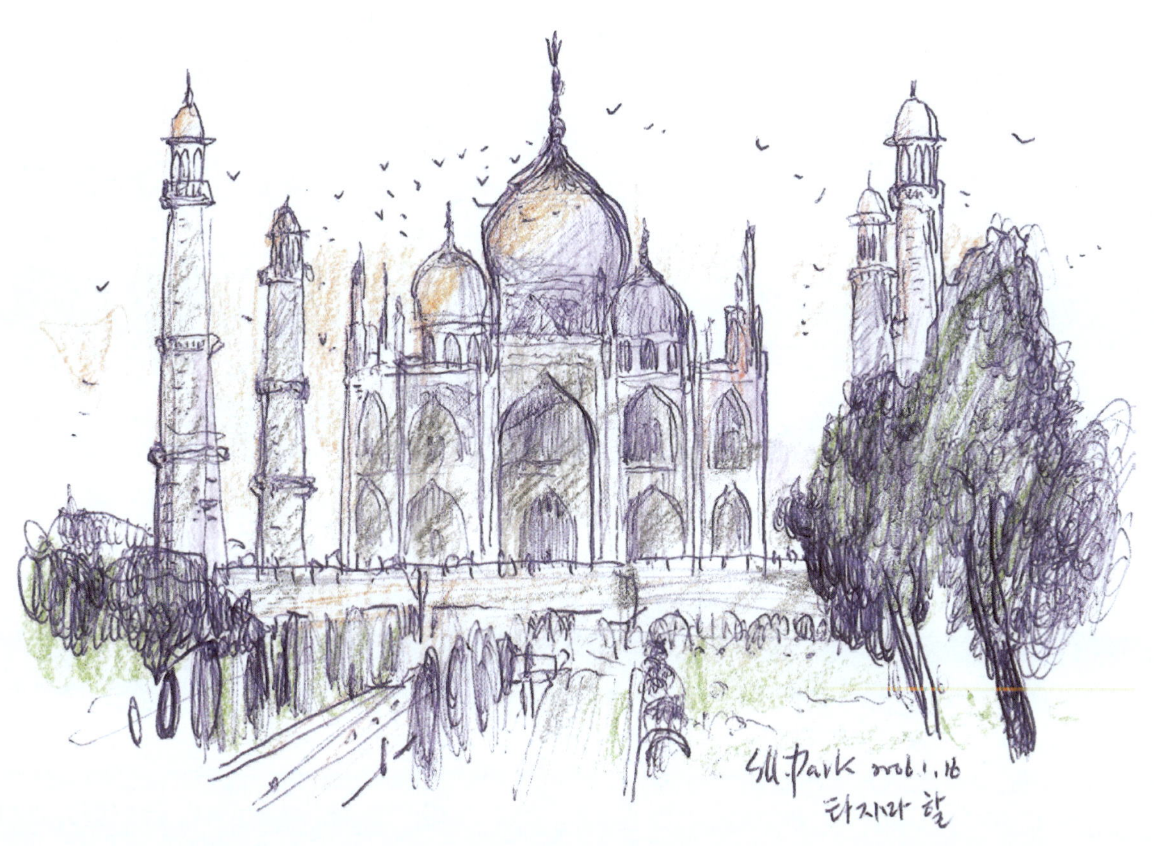

타지마할

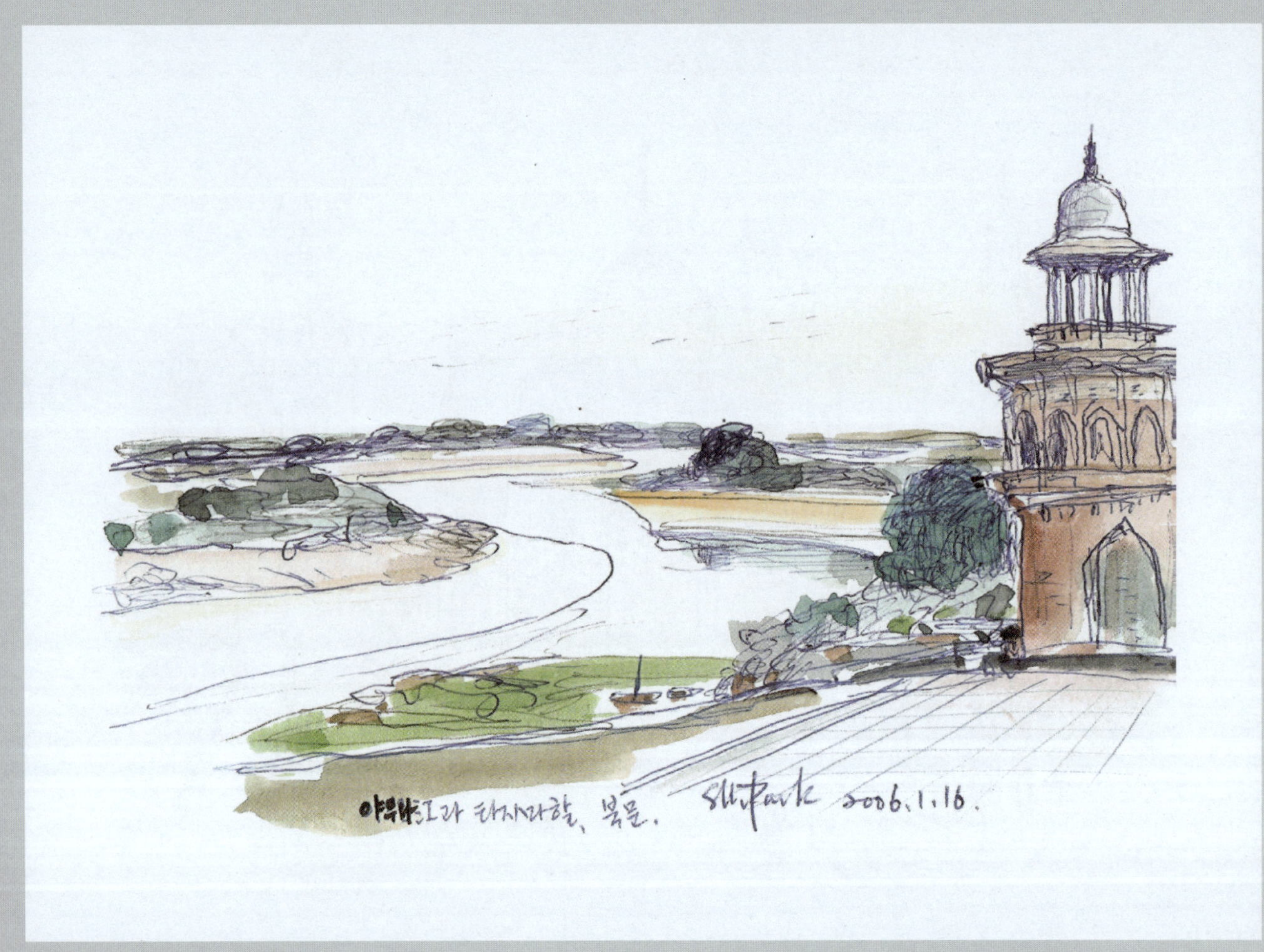

아무나 강과 타지마할 북문

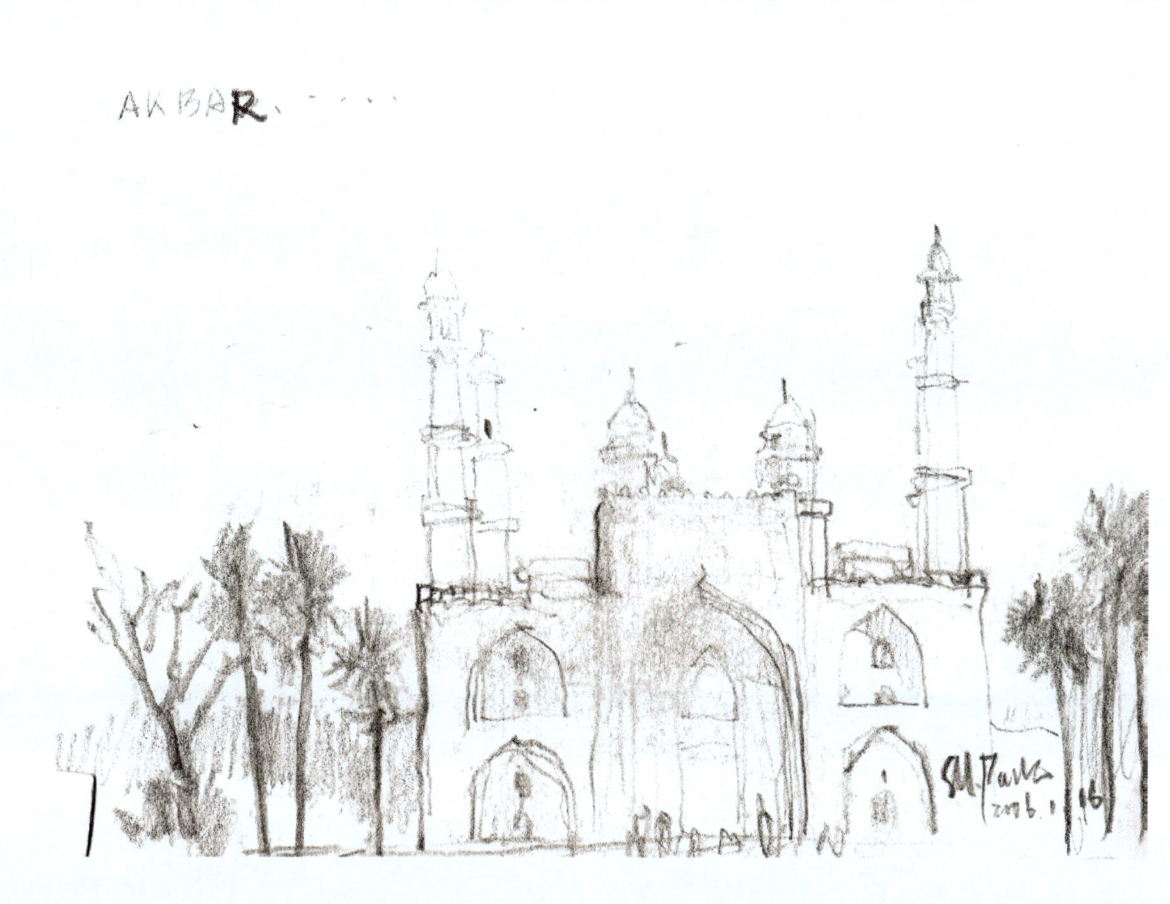

악바르 대제의 무덤

—Agra—

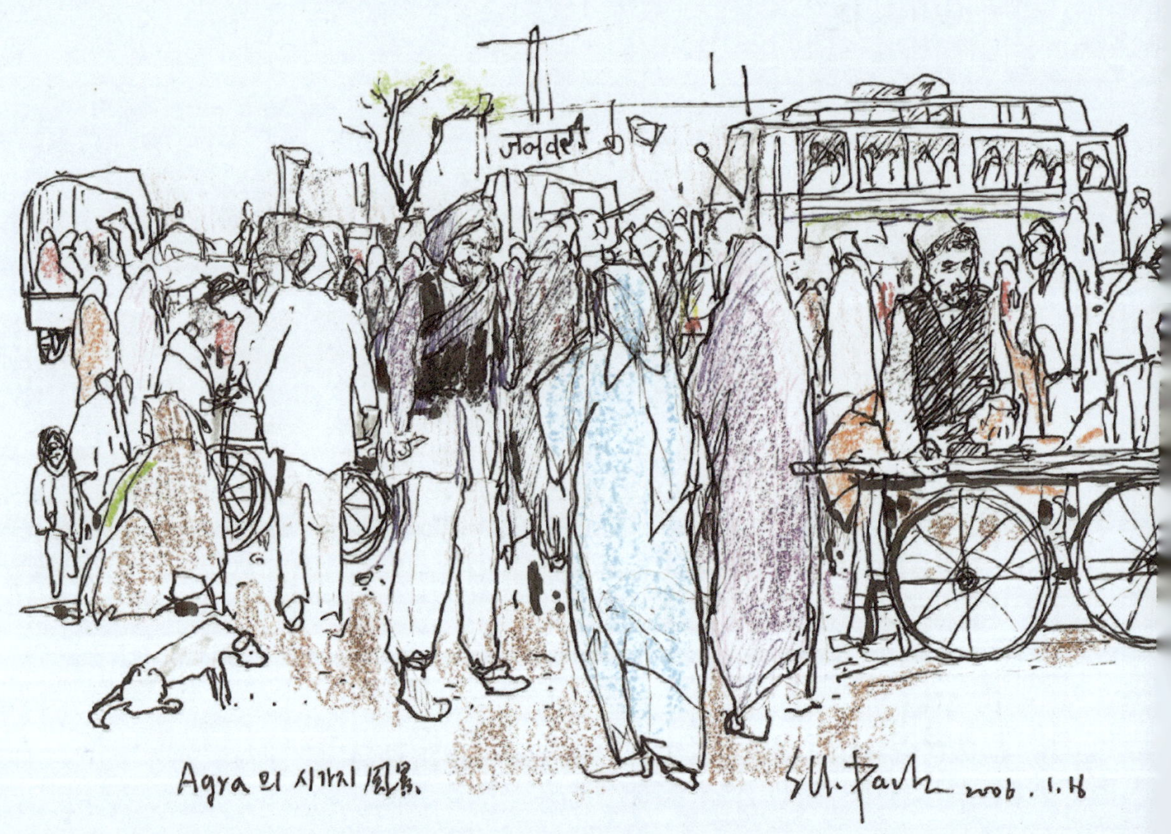

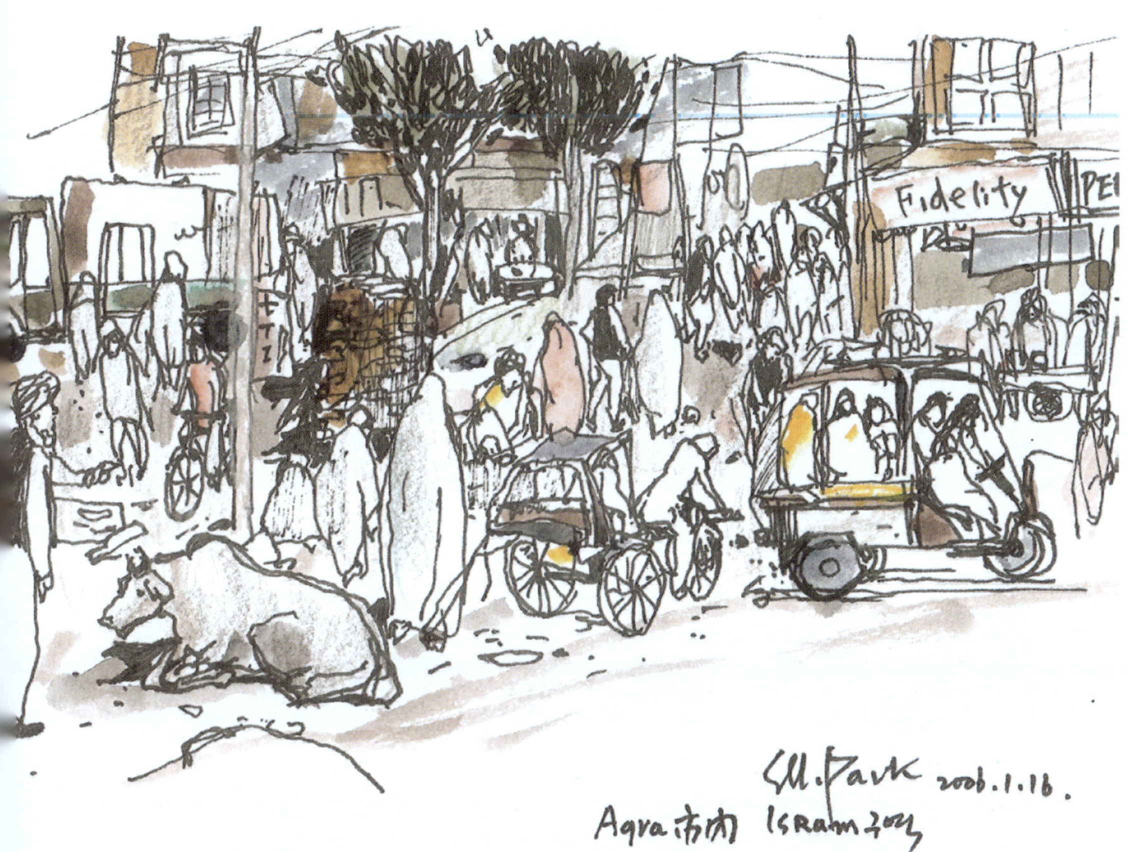
Fidelity
SM.Park 2006.1.16.
Agra市内 Isram구역

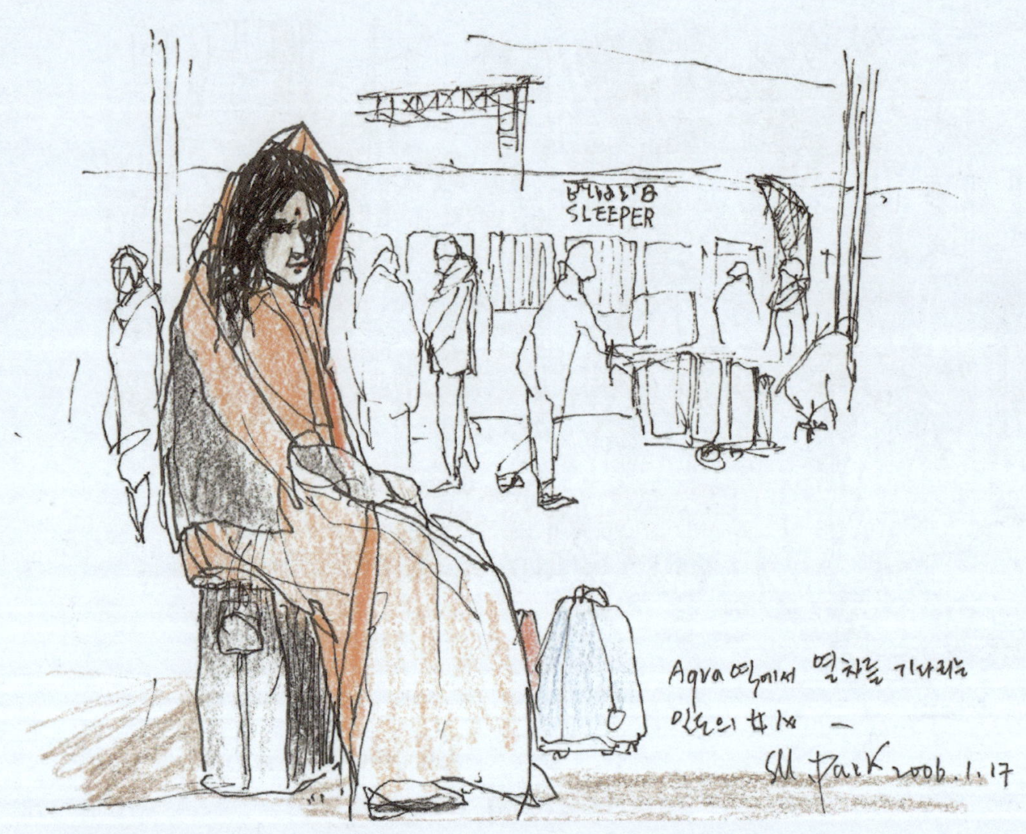

– 아그라 역 –

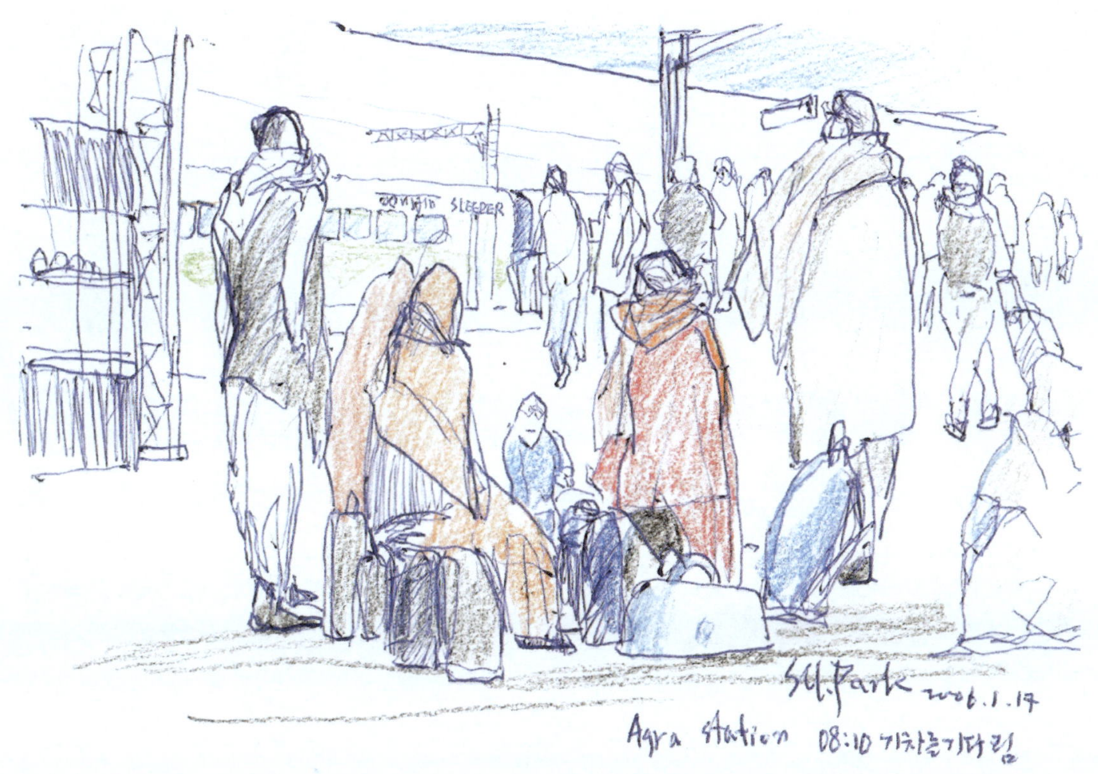

– 아그라 역 –

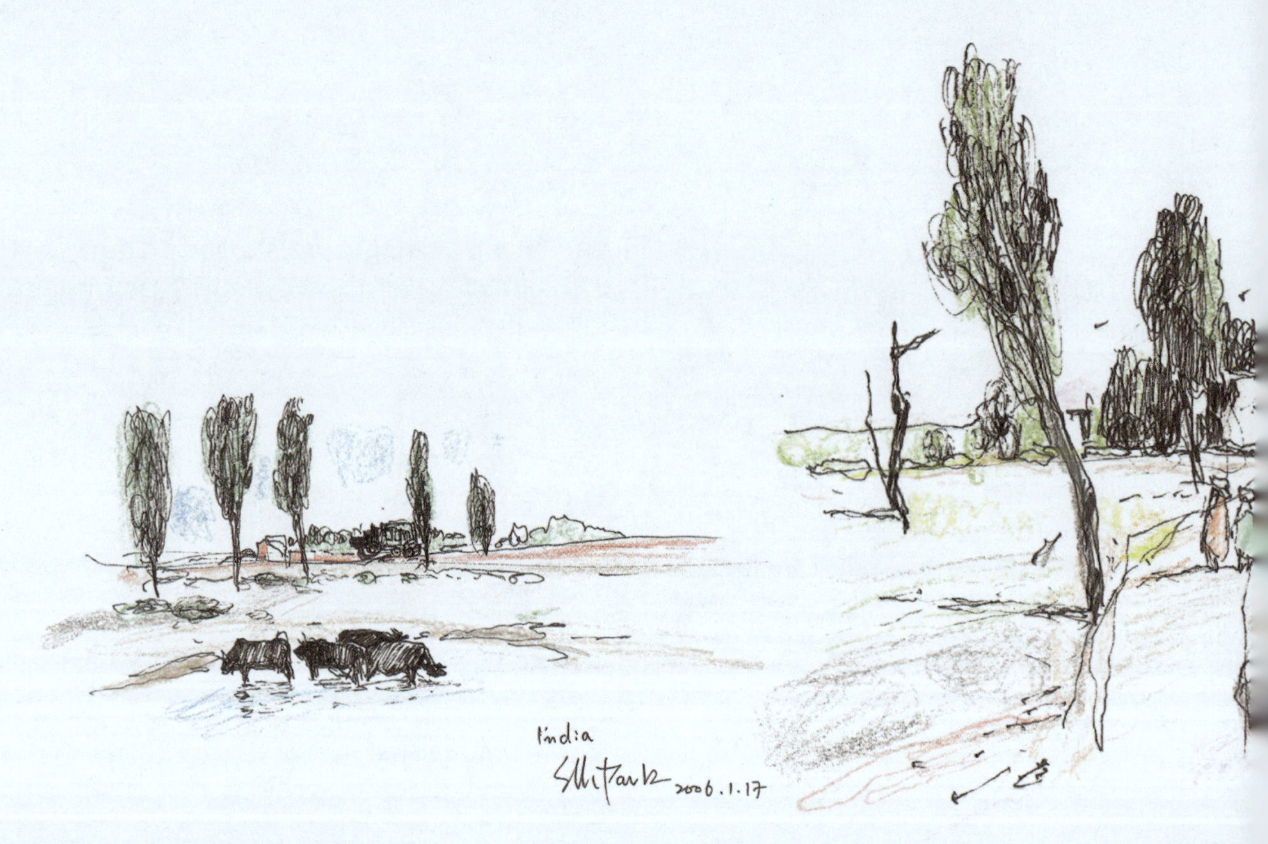

ORCHHA로 가는 기차 안에서 본 인도 시골의 풍경.

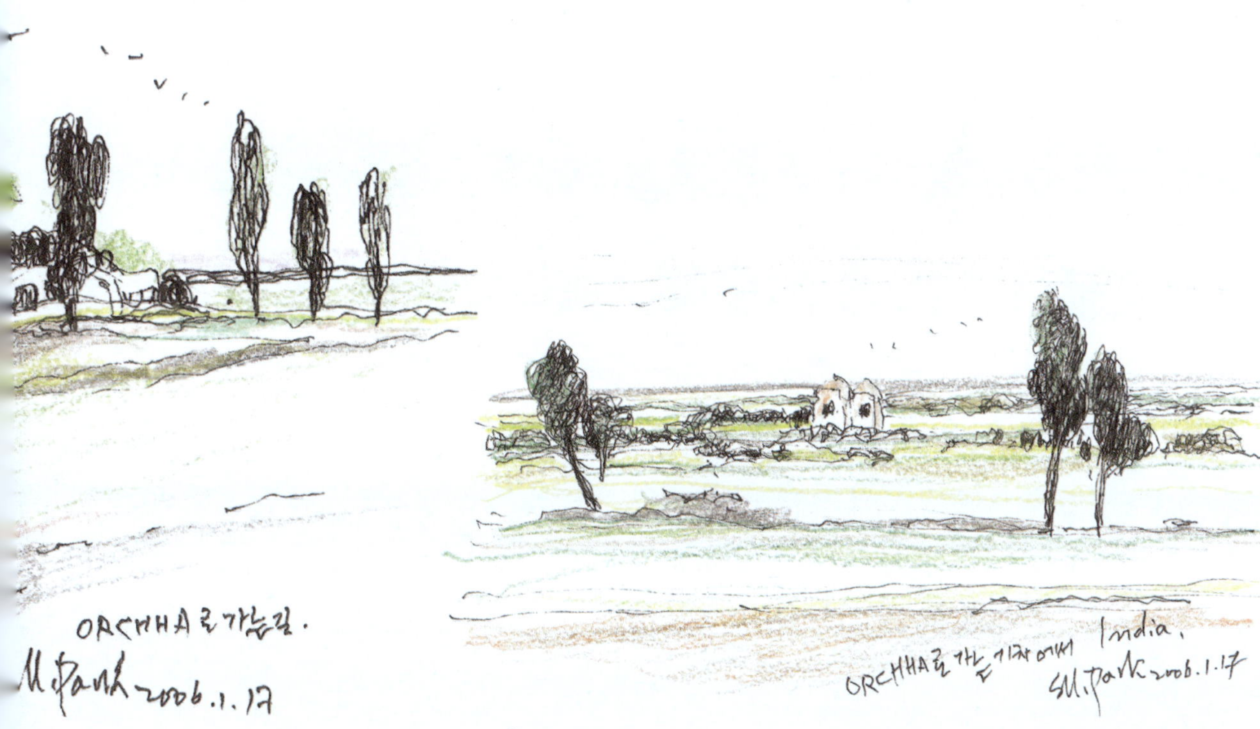
ORCHHA로 가는길.
M.Park 2006.1.17
India.
ORCHHA로 가는 기차에서
SM.Park 2006.1.17

—ORCHHA—

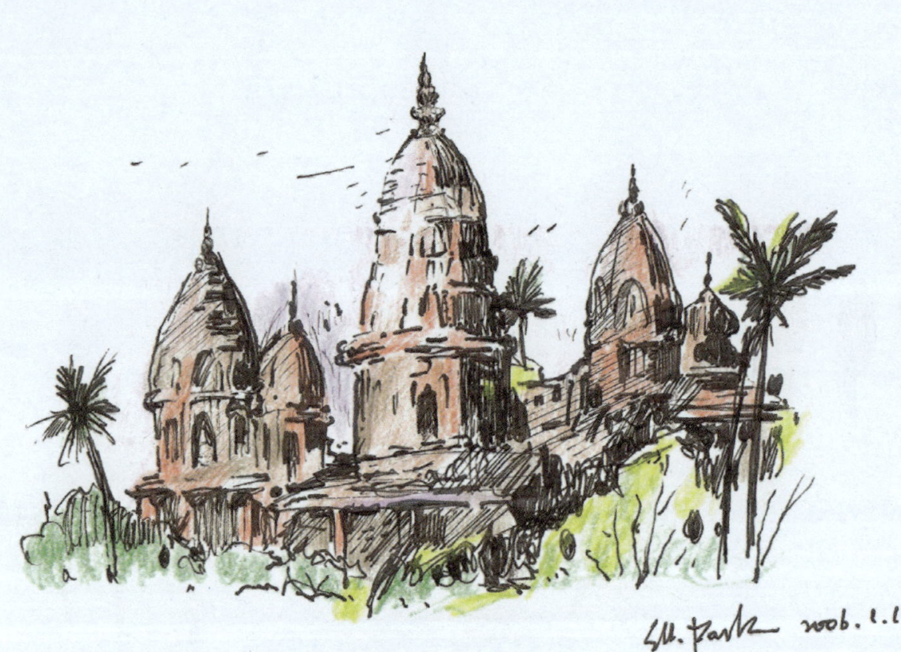

오차 – 힌두 사원.

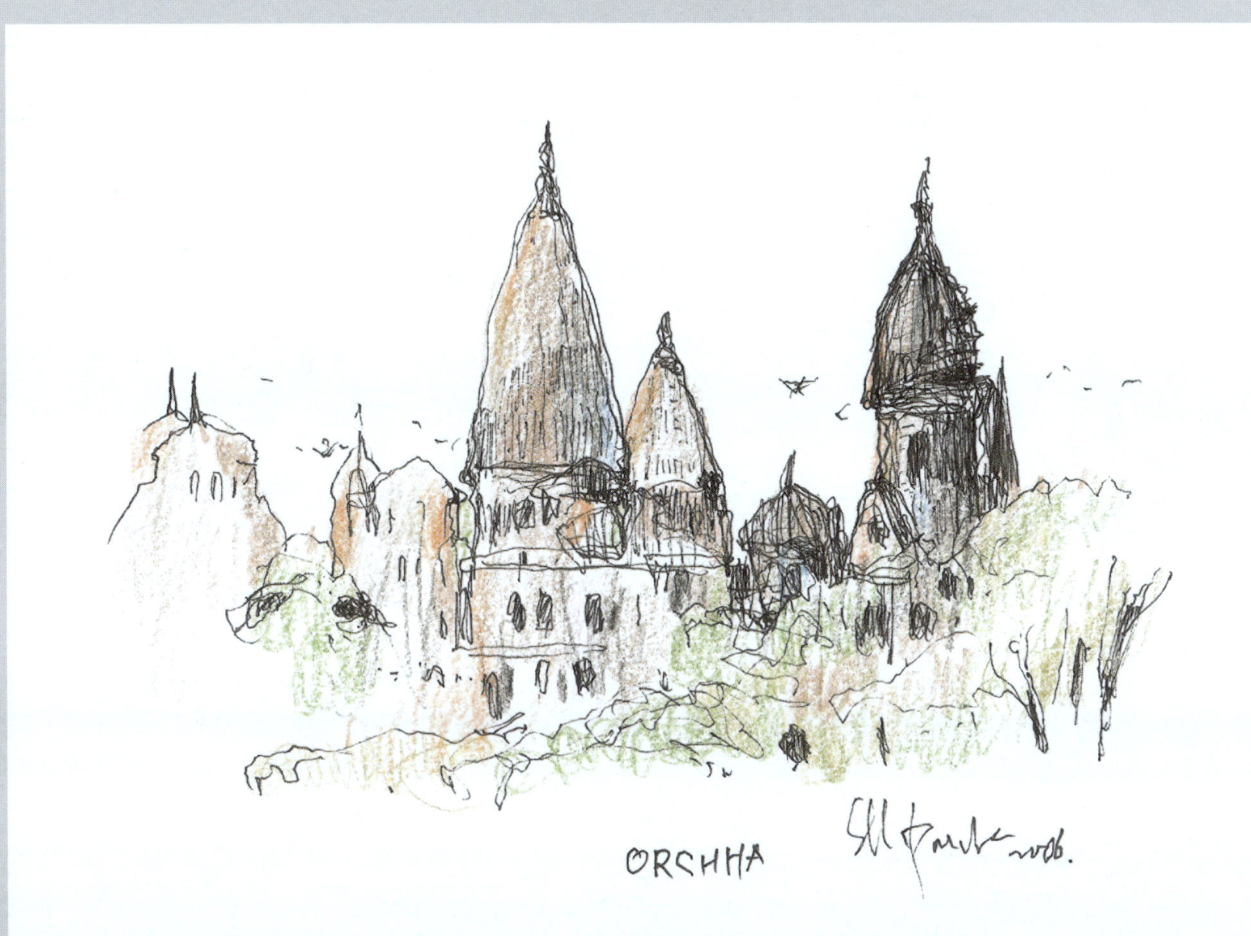

오챠 – 힌두 사원.

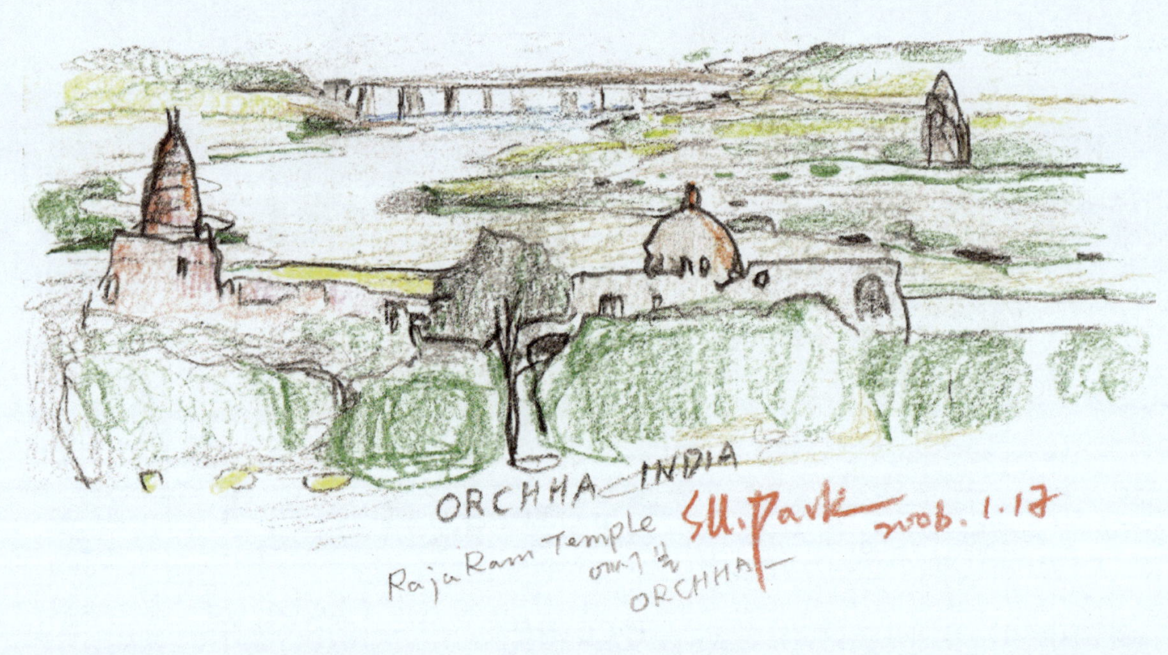

오챠 – 한가로운 오후가 매우 정겹다 (라자람 사원에서).

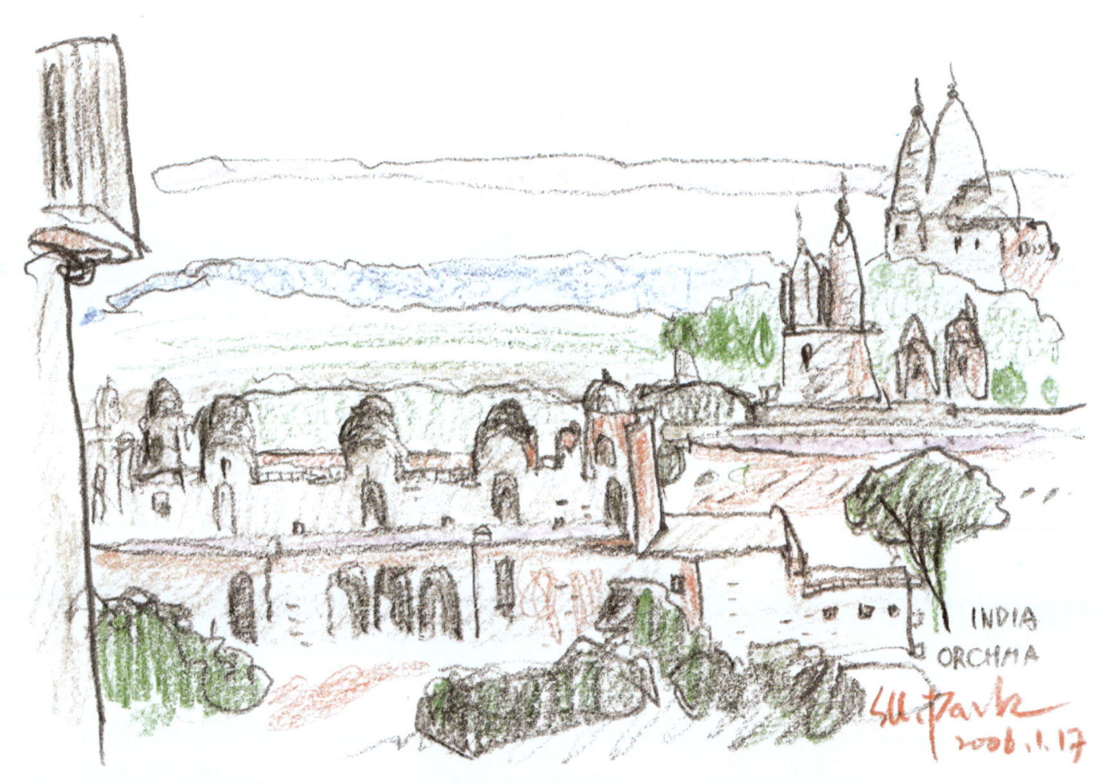

오챠 – 이곳에서 스케치를 할때 인도의 문화부 관계자들을 만나 그들로부터 고맙다는 말을 많이 들었다.

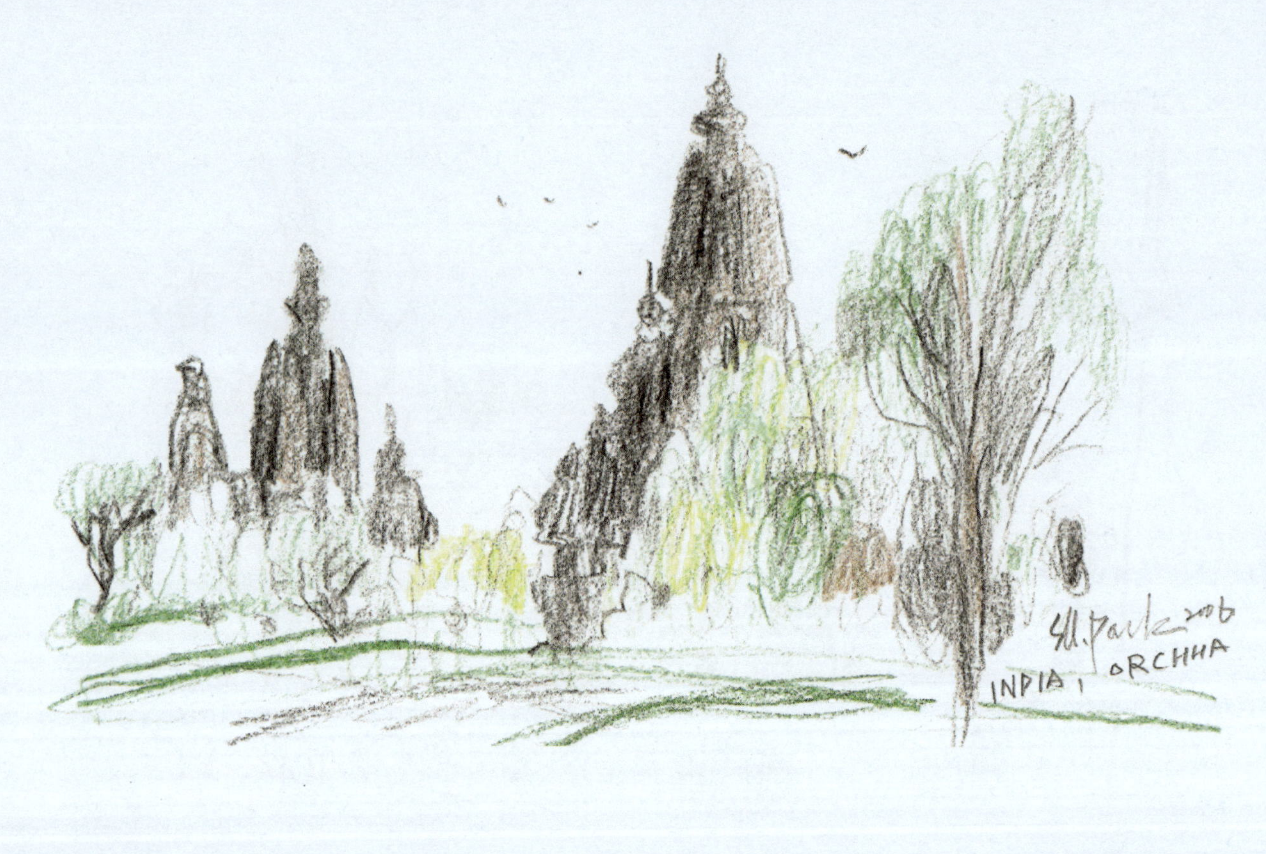

오챠 – 검게그을린 힌두사원이 안개 속에서 고즈넉하다.

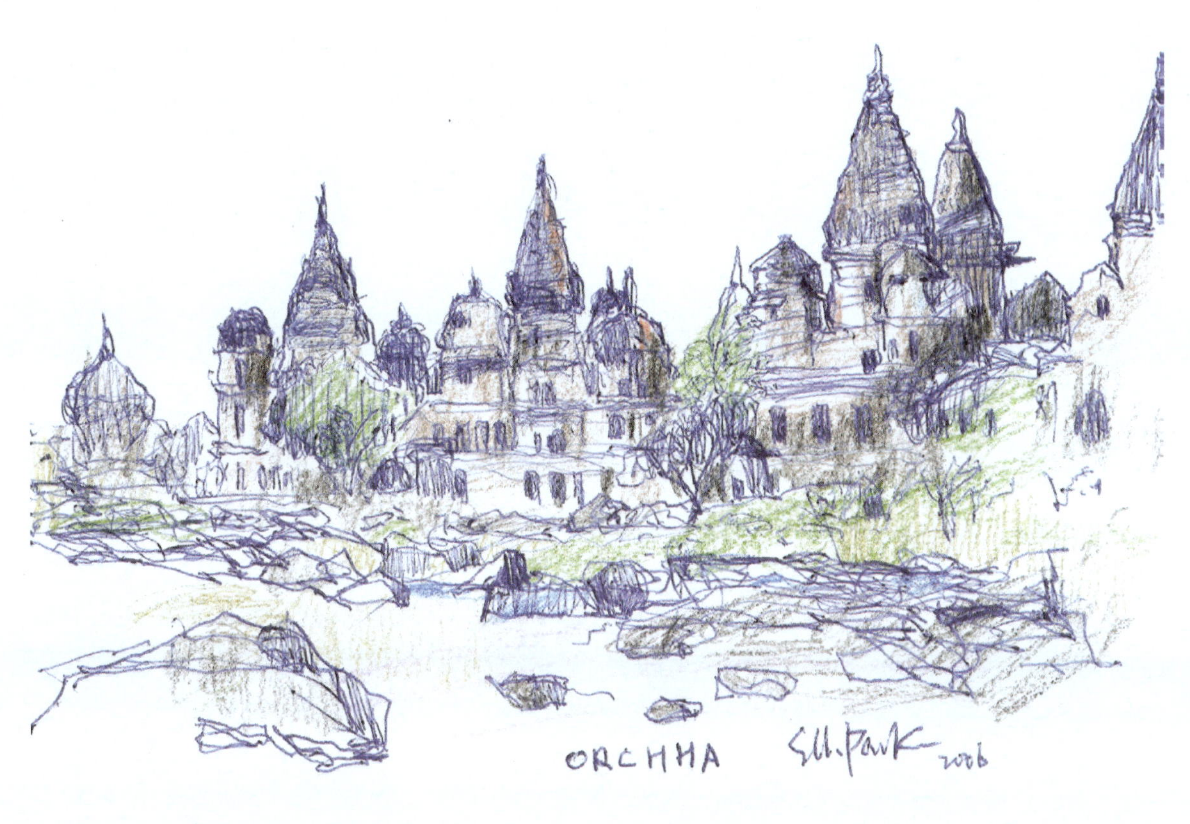

오챠 – 볼펜으로 정말 흥겹게 그린 스케치.

12時間을 이용하는 날

새벽 안개 속으로 도착한 Agra역은 사람으로 가득하다.
인도의 골든트라이앵글을 연결하는 델리에서 출발하는 기차를 타기위해
많은 여행객들이 가방을 지키고 있다.
08:10 정확한 시간으로 플렛폼으로 들어오는 괴물스러운 열차는 특급이라는데
쇠덩이처럼 단단함으로 무겁게 들고온 짐덩이들을 다 제것으로 만들어 버리고
ORCHHA를 向한다.
유리창 밖을 볼 수 없는 아타까움 역시 인도여행이 한편으로 나를 지치게 하지만
두시간 여를 쉼없이 온 ORCHHA까지 몇 장의 스케치를 하는데 Rail위로
달리는 열차 역시 덜거덕 거리면서 흔들림 때문에 Pen 선(線)이 자유롭지 못해
흔들리는데로 맡겨볼 요량으로 그려보니 뽀얀 유리창 넘어 어스프레함이 적당히 그려진다.
잠시 역에 도착하니 이곳 또한 뜨거운 태양아래 여름을 만난다
한낮 기온이 한겨울치고 최고로 높은 28℃ 가까이 되어버렸다.
운전수나. 조수나, 할것없이 불가름 천민인가? 되는데로 살아버린 사람들처럼
남의 일에 관심이 없다
오챠성과 힌두사원을 보고 sketch를 했지만 너무 더워서 엄살처럼
Bus 속으로 기어 들어온다.
이곳 Khajuraho까지 오는 길이 심히 불편하지만 고즈넉한 농촌과
시끄러운 시골장터가, 사람사는 모습으로 내 눈을 편하게 한다.
저녁 6시 카쥬라호의 크락 Hotel에 여장을 푸니 오랫동안 못들어본
교회 종소리가 들린다. 이 소리 역시 인도의 색다른 소리임에 틀림없다.
어느 목사님의 이단처럼 종소리가 하늘가에 인도인들의 마음속에 겉돌고 있었다.
나는 오늘 이 카쥬라호에서 새로운 인도의 시작을 볼 수 있도록 해 달라고
마음속 깊이깊이 기도하고 있다.
그들의 神께……

Khajuraho에서 박성현 2006.1.17.

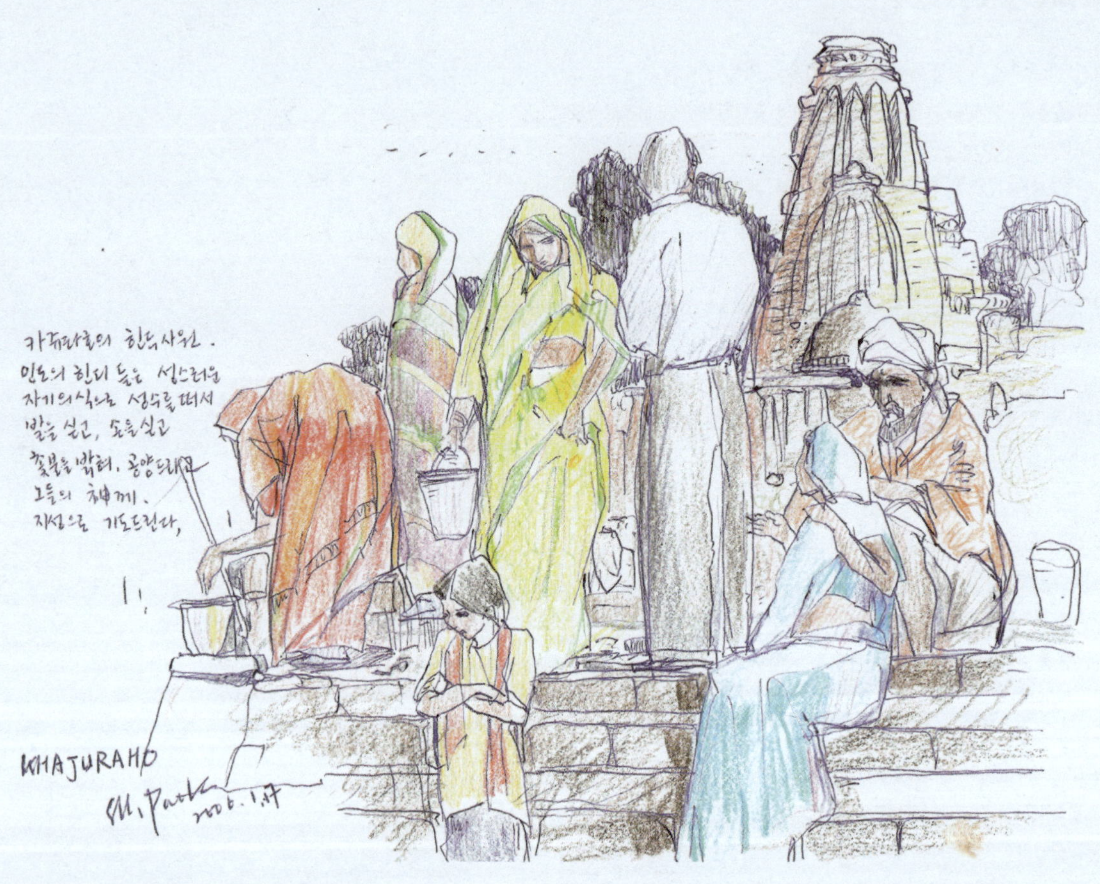
카쥬라호의 힌두사원.
인도의 힌디들은 성스러운
자기의식으로 성수를 떠서
발을 씻고, 손을 씻고
촛불을 밝혀, 공양드리고
그들의 神께.
지성으로 기도드린다,
KHAJURAHO
2006.1.17

카쥬라호 – 힌두 사원에 들어가는 순례자들.

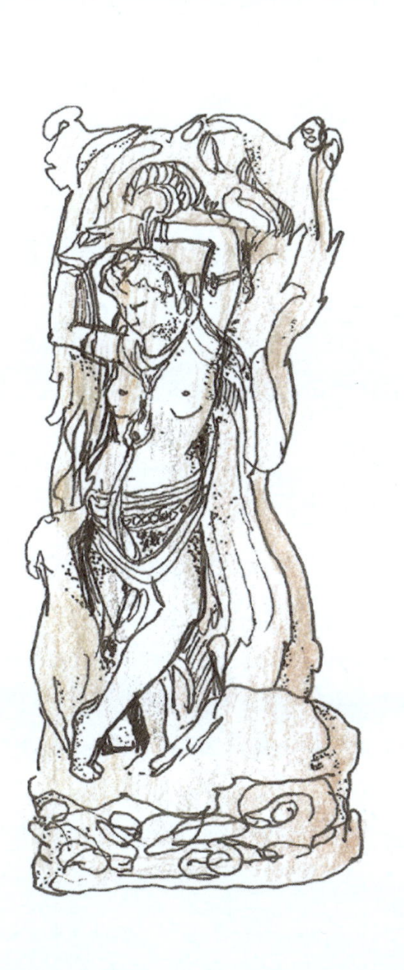

KHAJURAHO의 민예품점에
진열된 석조물 INDIAN DANCER
사암으로 만들어진 조각품이
정교하고 비례가 좋은 걸작이다
한 10 을 정성들여 그려봤는데.
구경꾼이 정신없이 떠들어댄다.
"KOREAN, you very good!
Painter?
Very Nice!"

SH.Park
2006. 1. 18.

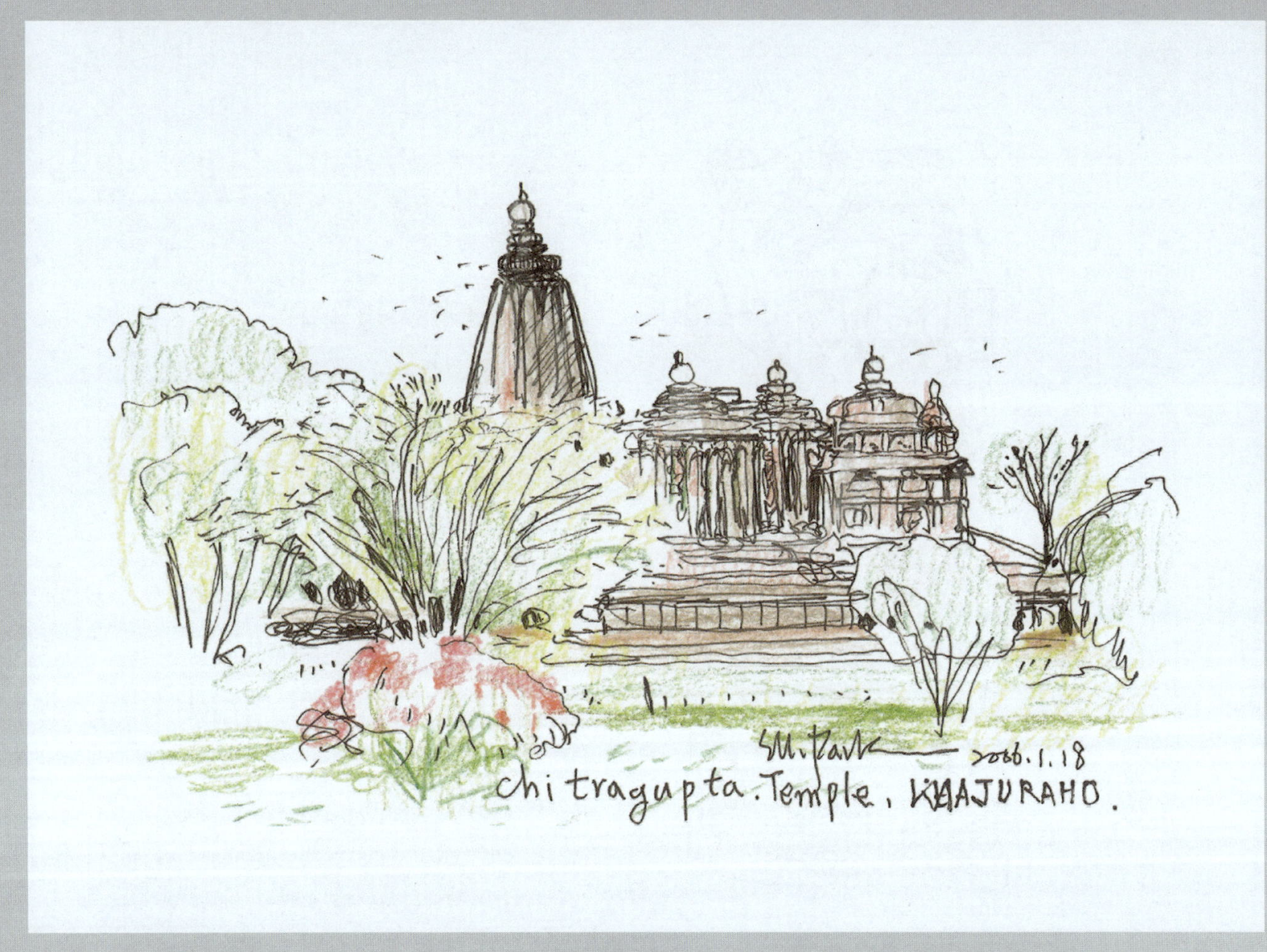

카쥬라호 – 시트라굽타 사원.

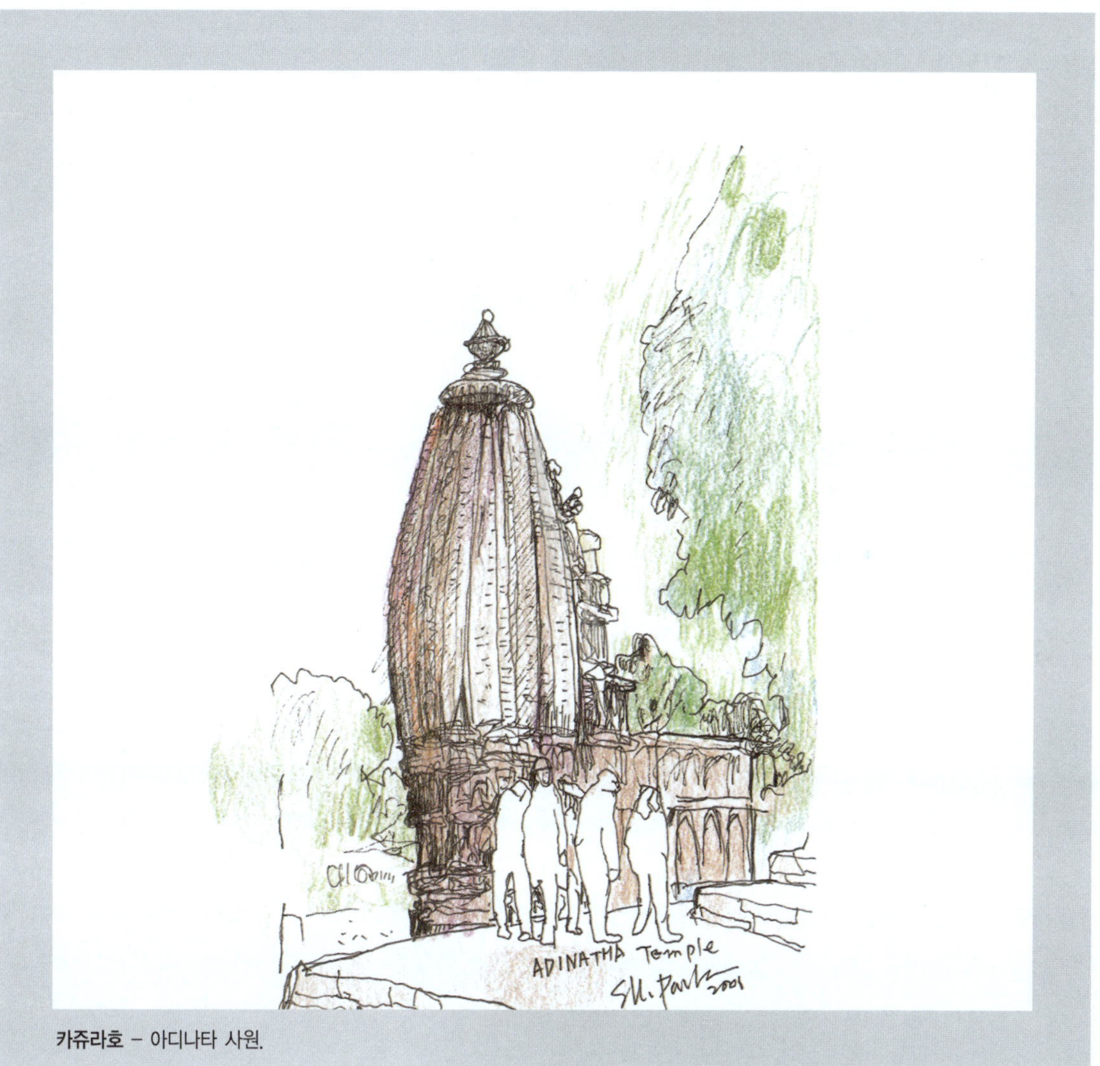

카쥬라호 – 아디나타 사원.

— 국립박물관 —

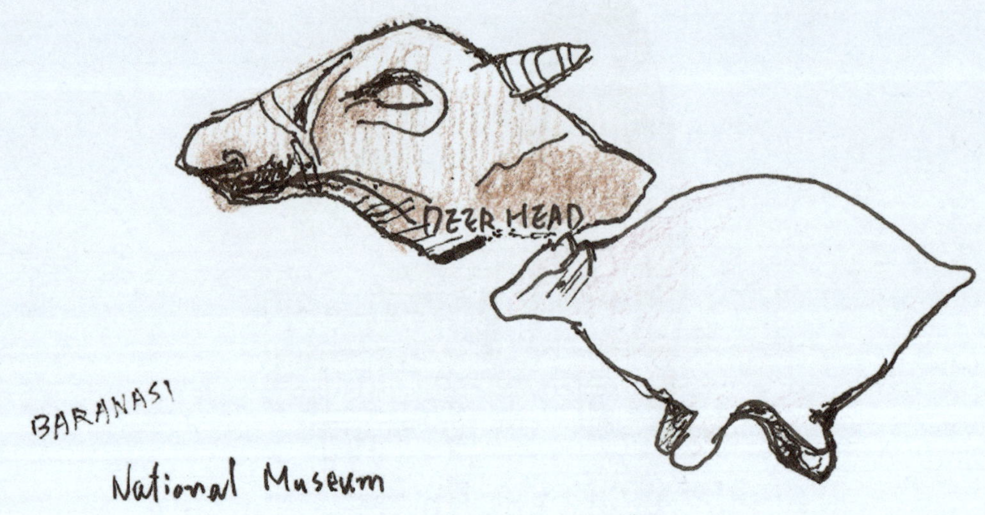

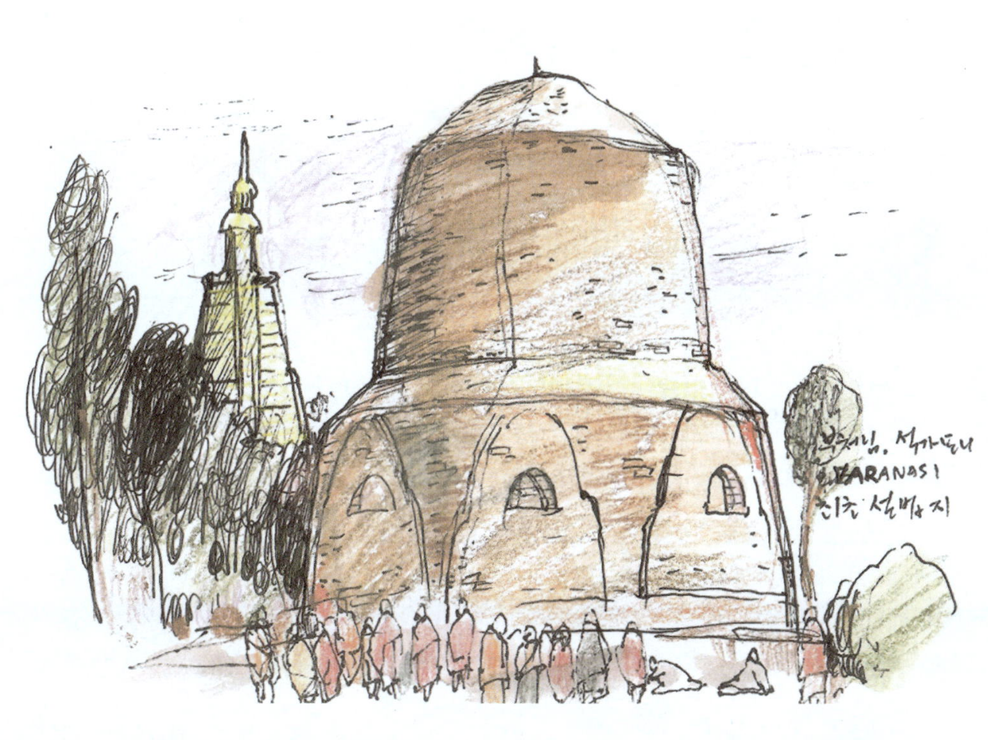

사르나트 – 녹야원.
이곳에서 석가모니가 5명의 제자에게 최초로 설법을 한 불교의 성지이다.

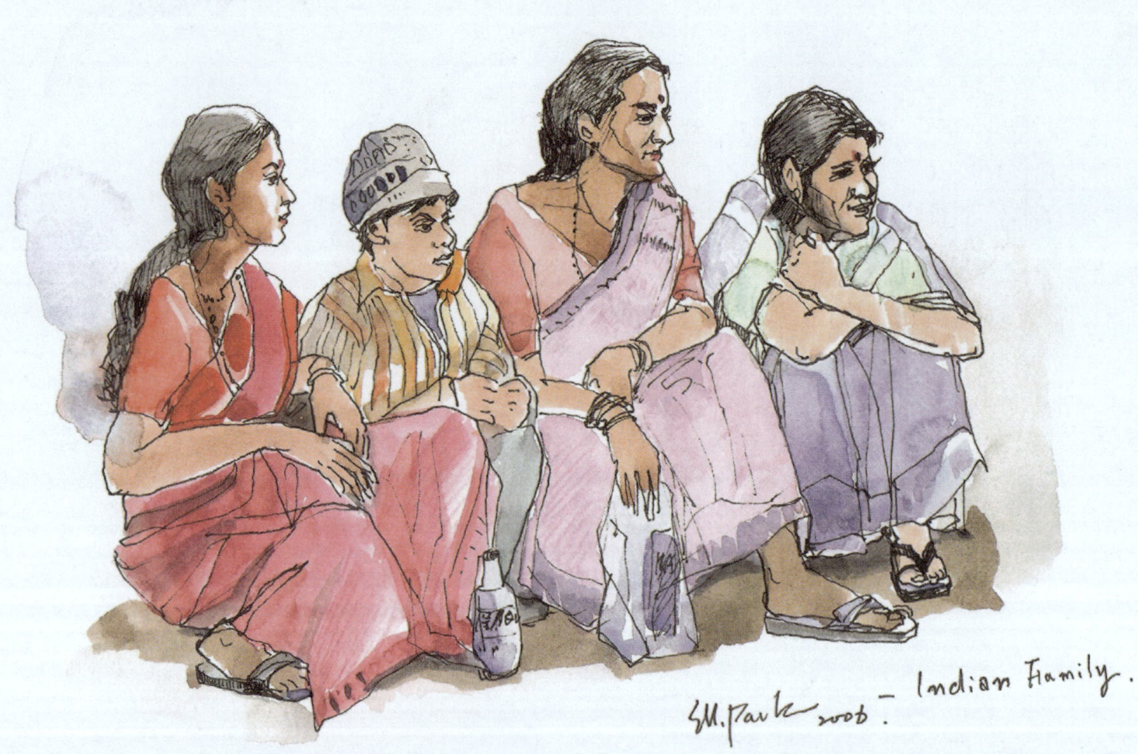
S.M. Park 2006. Indian Family.

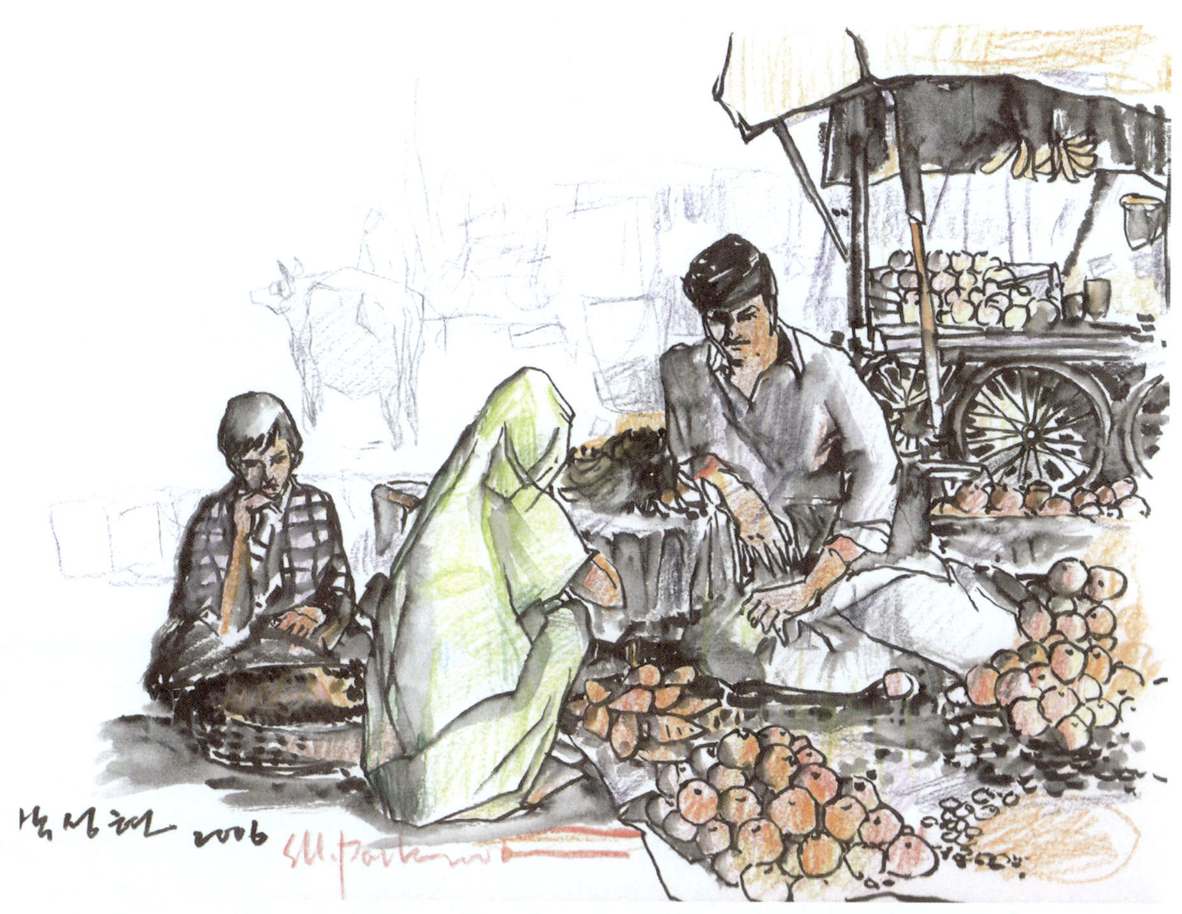
2006

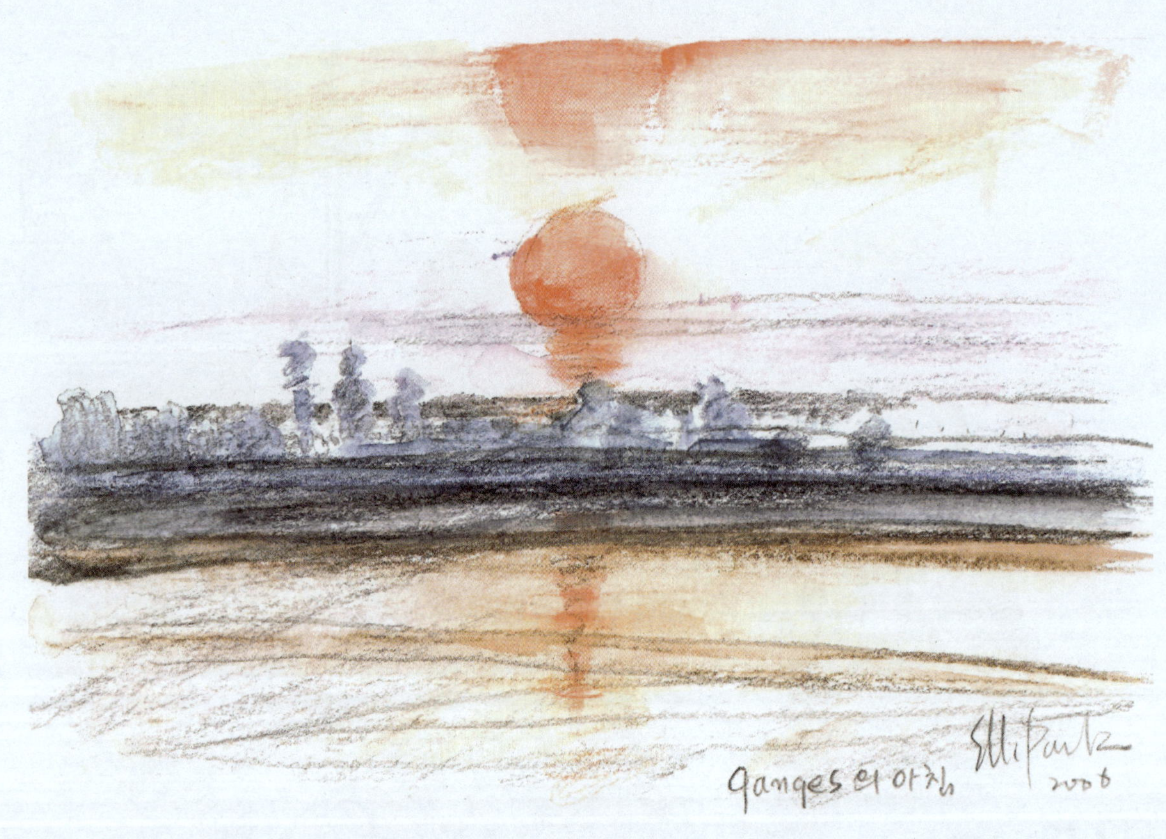

갠지스의 아침은 고요의 잠을 깬다.

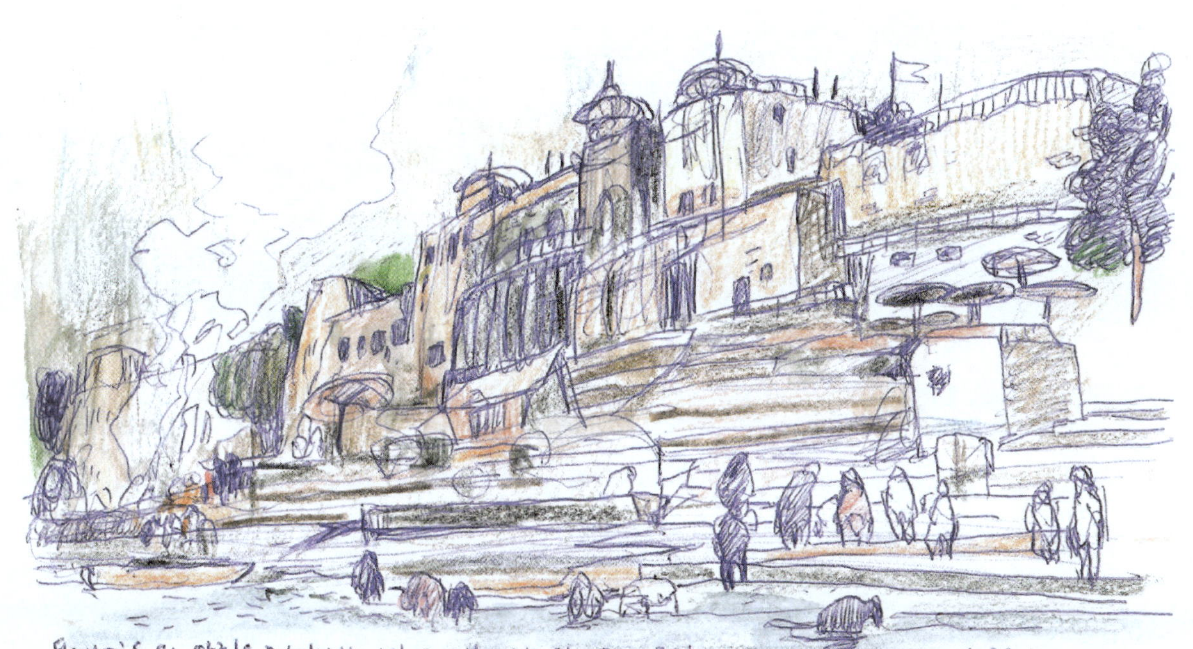

– 갠지스 –

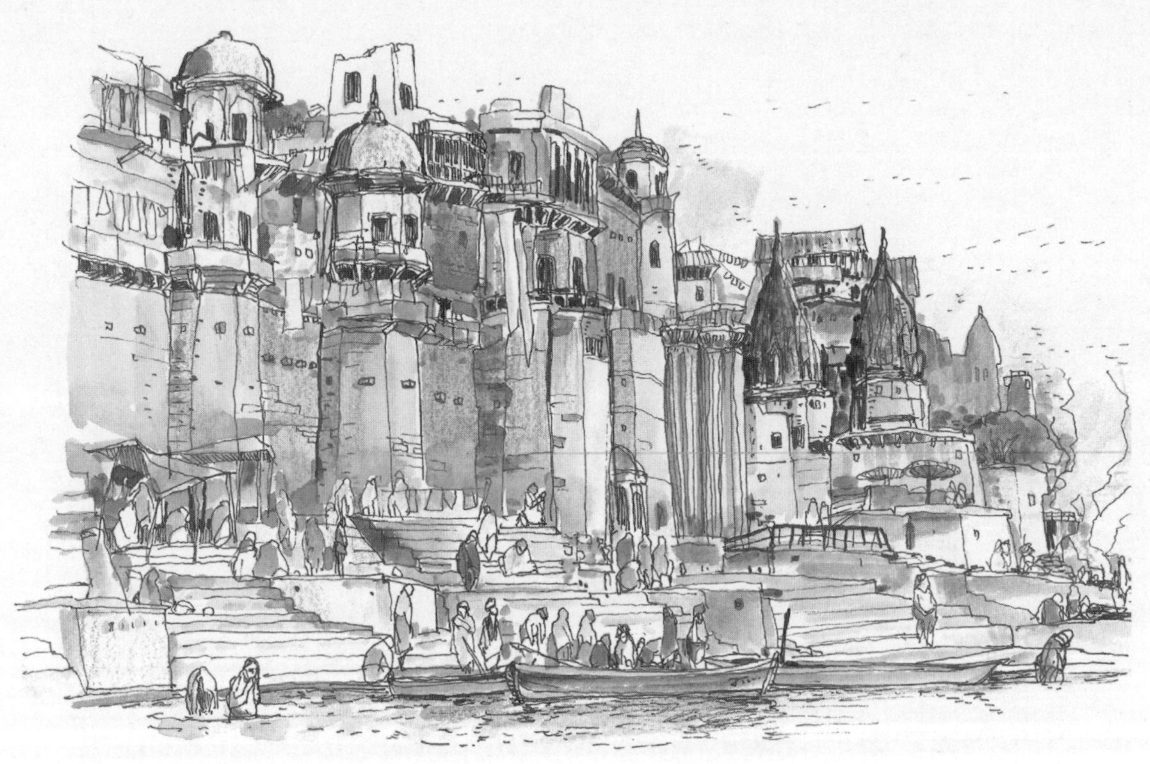
Gangis 2006. 1.
Ganga 江의 아침은 해가 뜨면서 부터 많은 사람들이 가트가 설치된 이곳으로 와서 그들의 몸을 씻고, 죽음의 화장을 하고, 이 갠지스와 함께 하루를 시작 한다.
SM. Park

– Ganges –

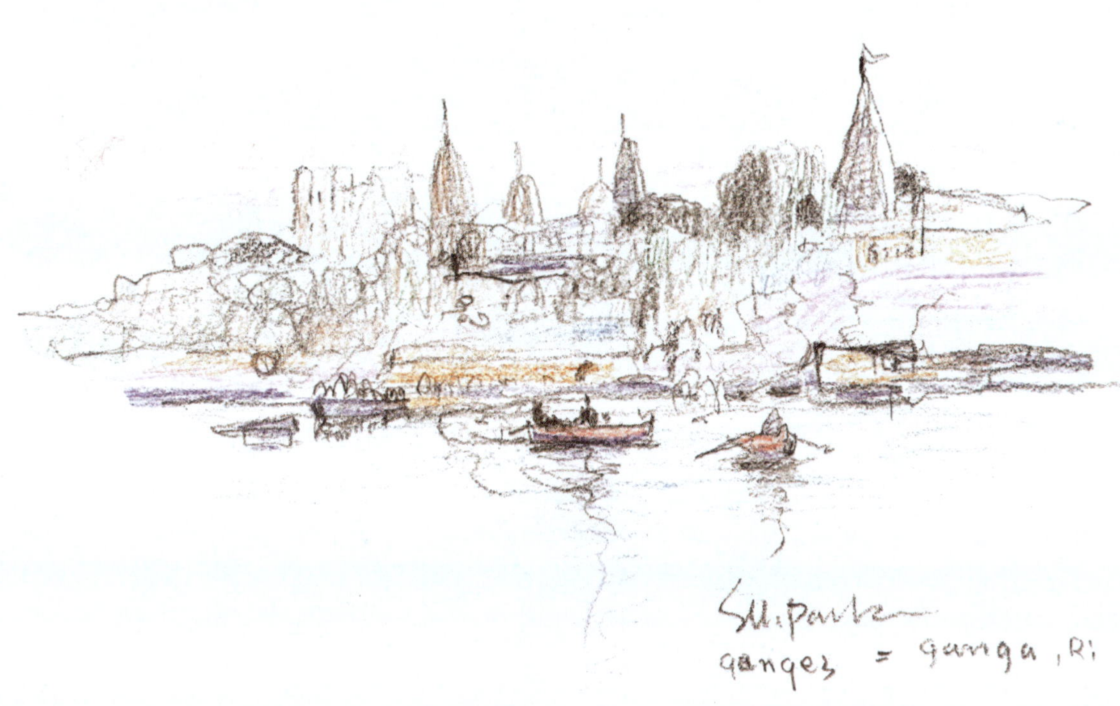

– Ganges –

—Ganges—

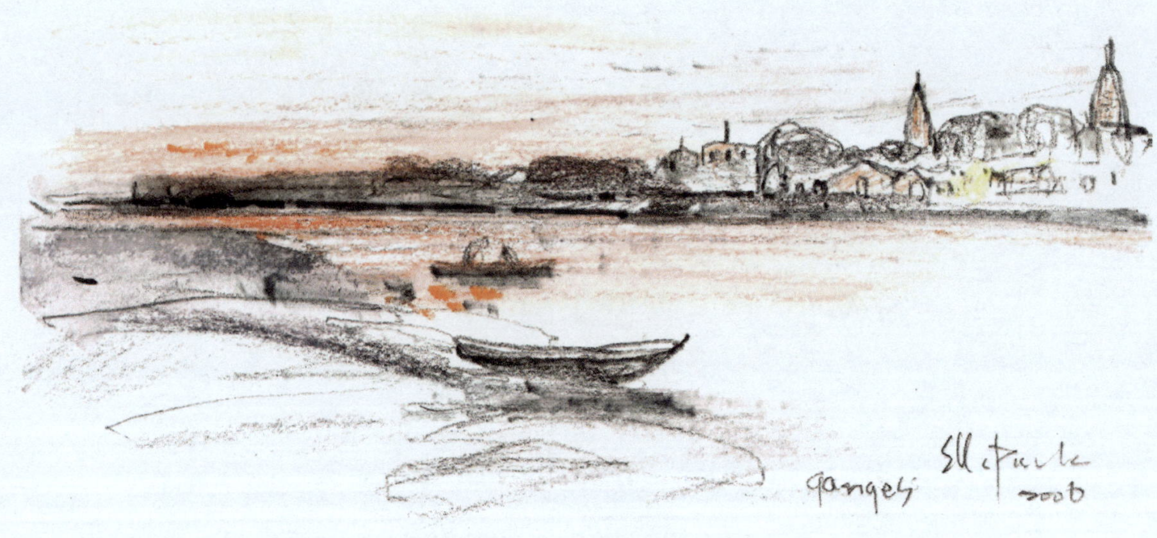

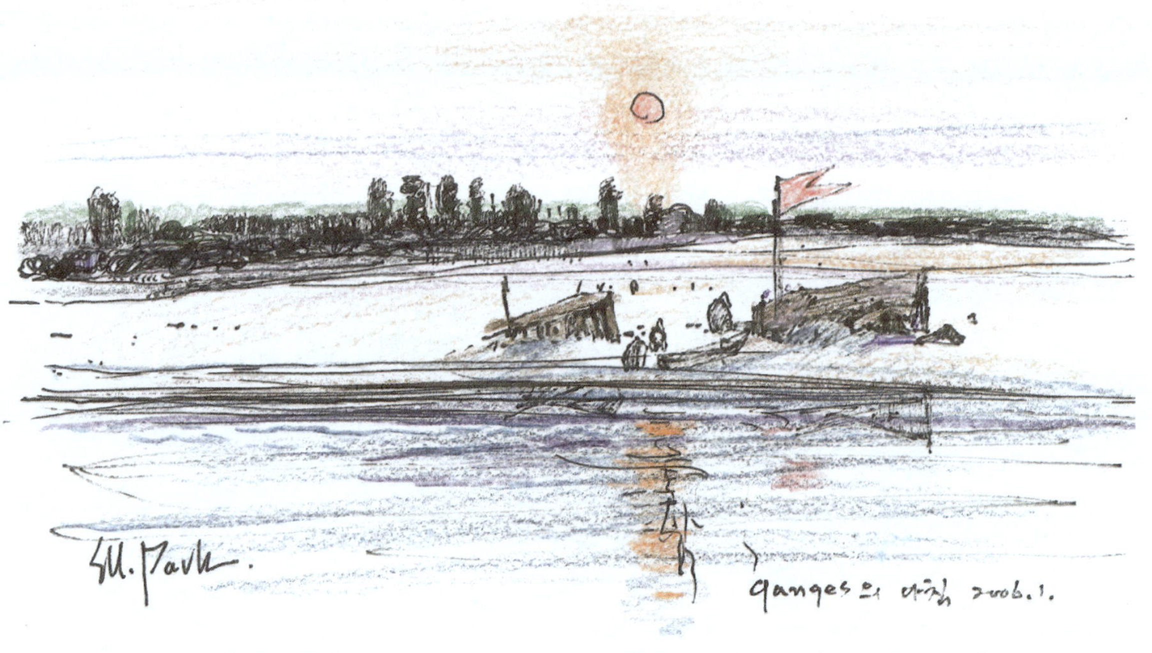
ganges의 아침 2006.1.

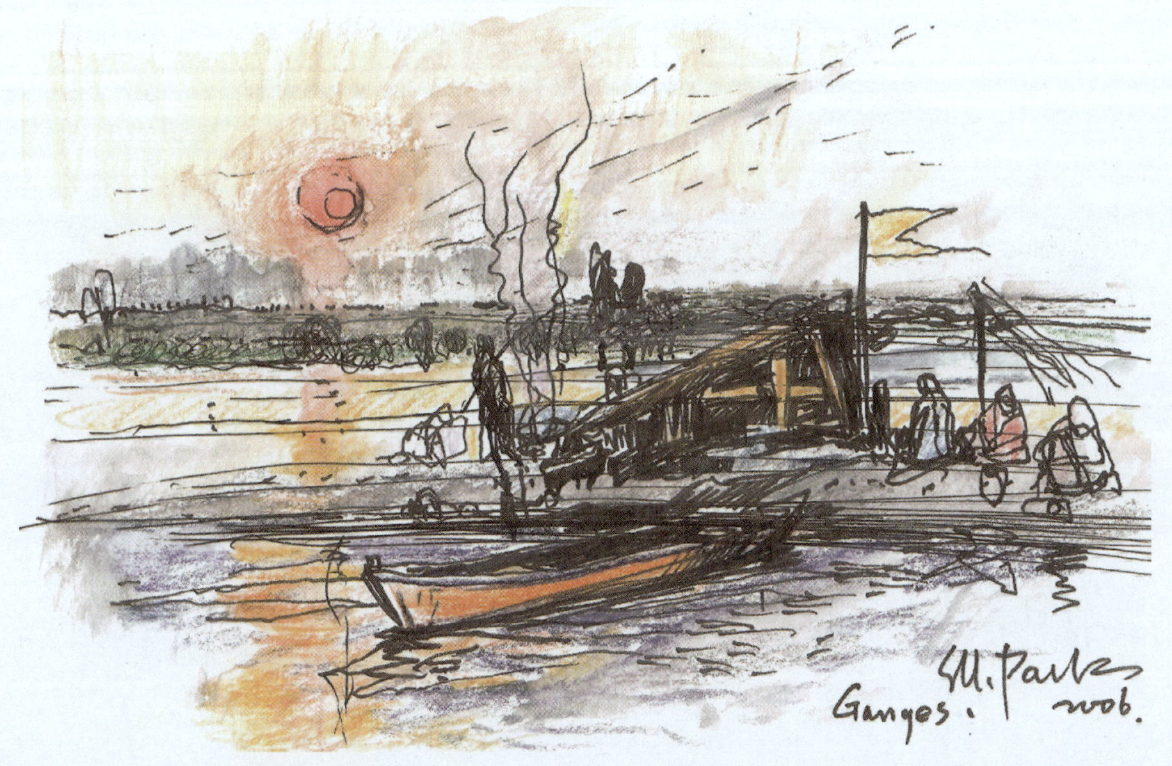

Genges – 나는 이곳에서 죽음에 대한 무상을 느낀다.

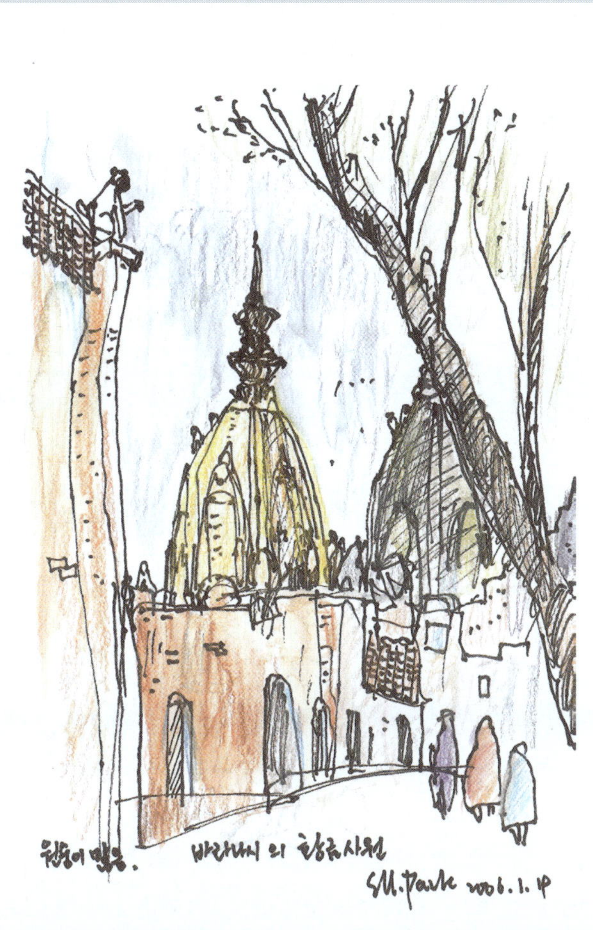

황금 사원 – 이곳은 이슬람과 힌두교도들과의 싸움이 잦은 곳이다.

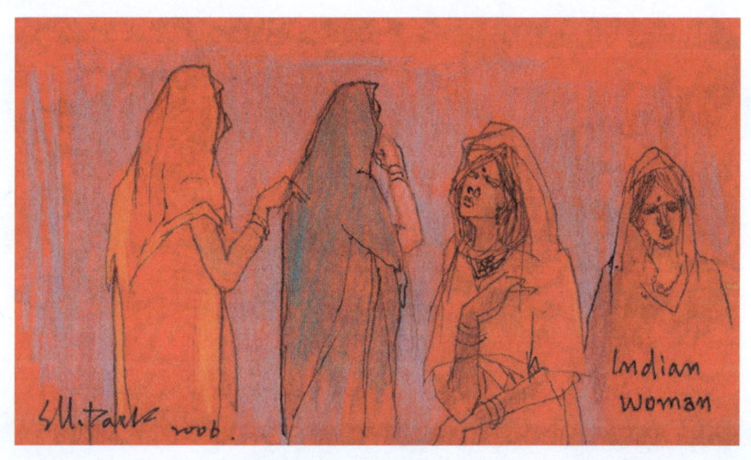
Indian
woman

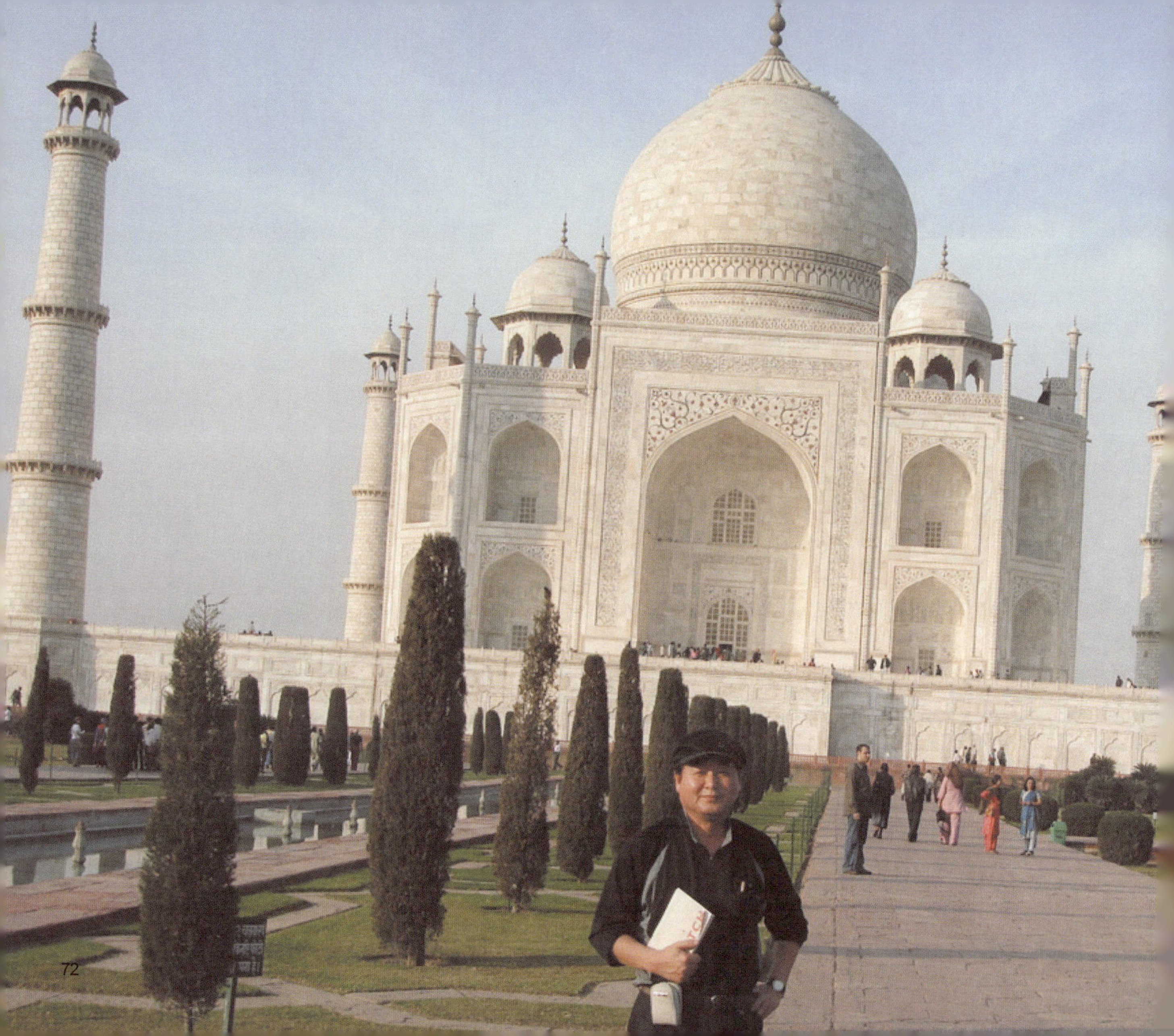

2 네팔 | *Nepal*

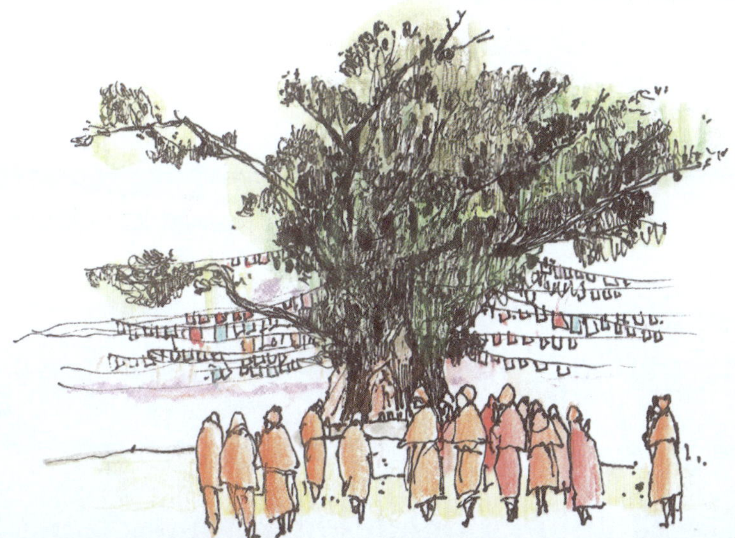

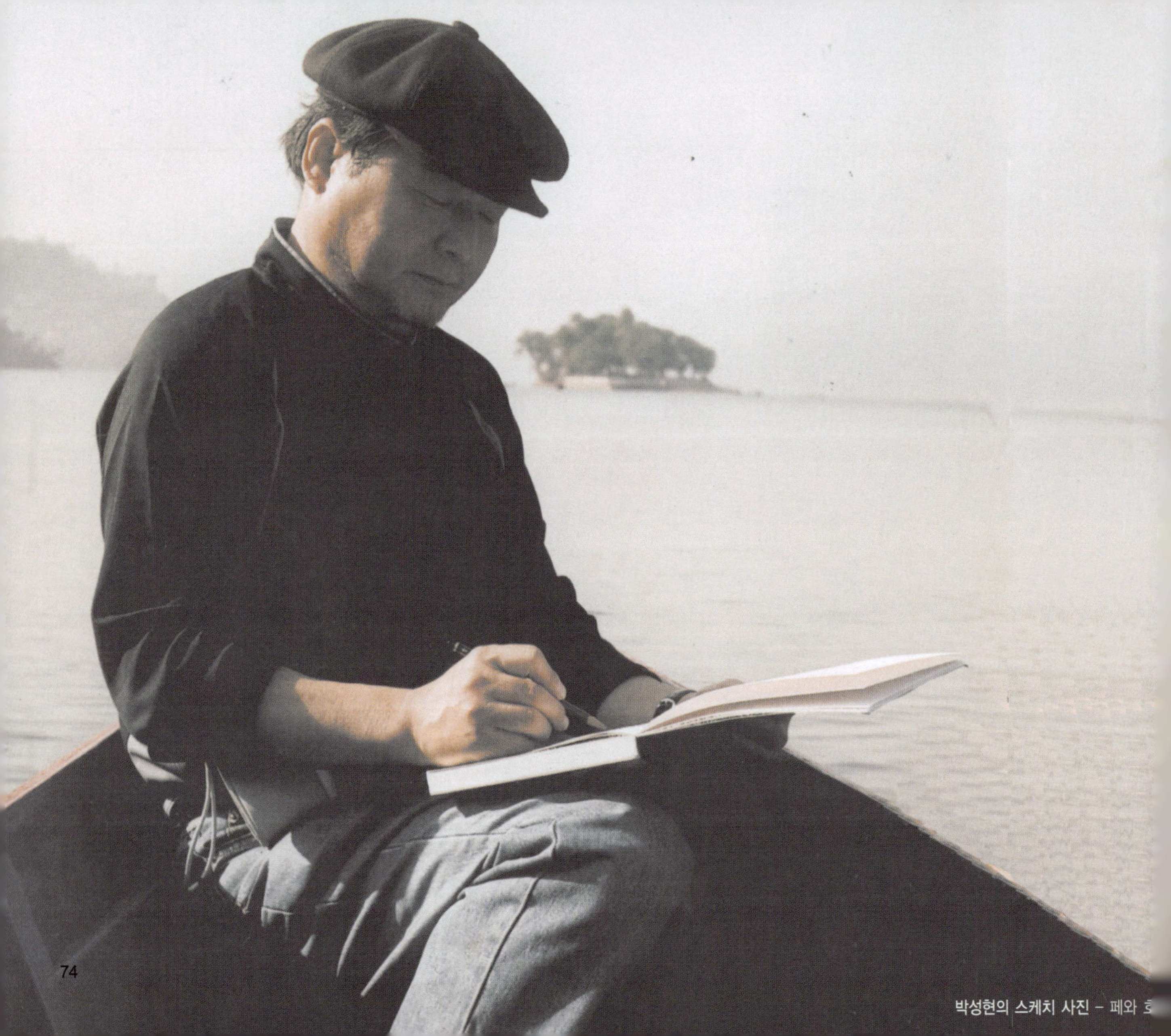

BUDDHA MAYA GARDENS P. LTD.

The Ultimate Retreat for Peace and Harmony

갠지스 江을 뒤로 하고 상류로 올라가면 어디로 가겠습니까.

Ganga 江! 인도인들이 부르는 이름이지만 강가로 모여들어야 하는 그들의 속성을 새벽에 수많은 인파와 함께 알게 되었다.

오래된 바라나시에서 江을 모르는 새벽을 열고 순례자처럼 모여든 인도인들은 그들의 몸을 하늘 아래서 강물에 적셔 왔도다.

고요한 명상을 하도록 떠오르는 해는 동쪽을 向해 강따라 들어선 힌두의 바라나시가 아침빛에 더 할 나위없이 곱다.

속이 들여다 보이지 않는 명상적 表情일 뿐이다.

아침은 공양을 하듯. 촛불을 켜고 나뭇잎 위로 갠지스를 온통 촛불로 수놓지만 그들이 믿는 神의 영혼을 몸져 잠기는 나는 아직 한줌의 재로 뿌려지는 육신의 일부일 뿐이다.

그들의 영혼은 왜? 갠지스를 떠나지 못하는 것일까.

영혼의 소리를 듣는다, 수많은 사람들이 죽음 앞에 그저 환생 하는 번제의 불을 따라 해 넘는 몸짓이다.

나는 이 갠지스에서 조금의 미혹이래도 형태없는 자신의 모래알을 밟아 보았다.

찬란하지 않은 해가 모래언덕 위로 빠알갛게 안개를 걷어낸다.

오늘도 말없는 갠지스는 저 먼 바다를 向하여 흐르고 있다 —

— Varanasi를 떠나면서 —

박성현. 2006. 1. 18

아프가니스탄
이란
파키스탄
中國
New Delhi
Kathmandu
네팔
부탄
Jaipur.
Agra
Varanasi
잔시
카주라호
갠지스
캘커타
방글라데시
미얀마
아라비아海
뭄바이
마드라스
벵골만

Varanasi
인도에서 네팔의 Lumbini까지 육로를 통해 12時間.
교통체증과, 인파사이를 뚫고 네팔의 Belahiya 국경을 통과하니 밤 안개가 Bus 운행 시간을 더 지연시키고 있다.
Lumbini의 Buddha maya Hotel을 마음으로 엽습한다 —

South Lumbini Garden, Madhuwani Village Development Committe, Ward No.-6, Rupandehi, Lumbini, Nepal Tel: (071)580220, Fax (977-71) 580219
KTM Office: Kathmandu Guest House, P.O. Box: 21218, Thamel, Kathmandu, Nepal. Tel: (977-1) 4413632 / 4418733, Fax: (977-1), E-mail: bmg@nepalhotel.com

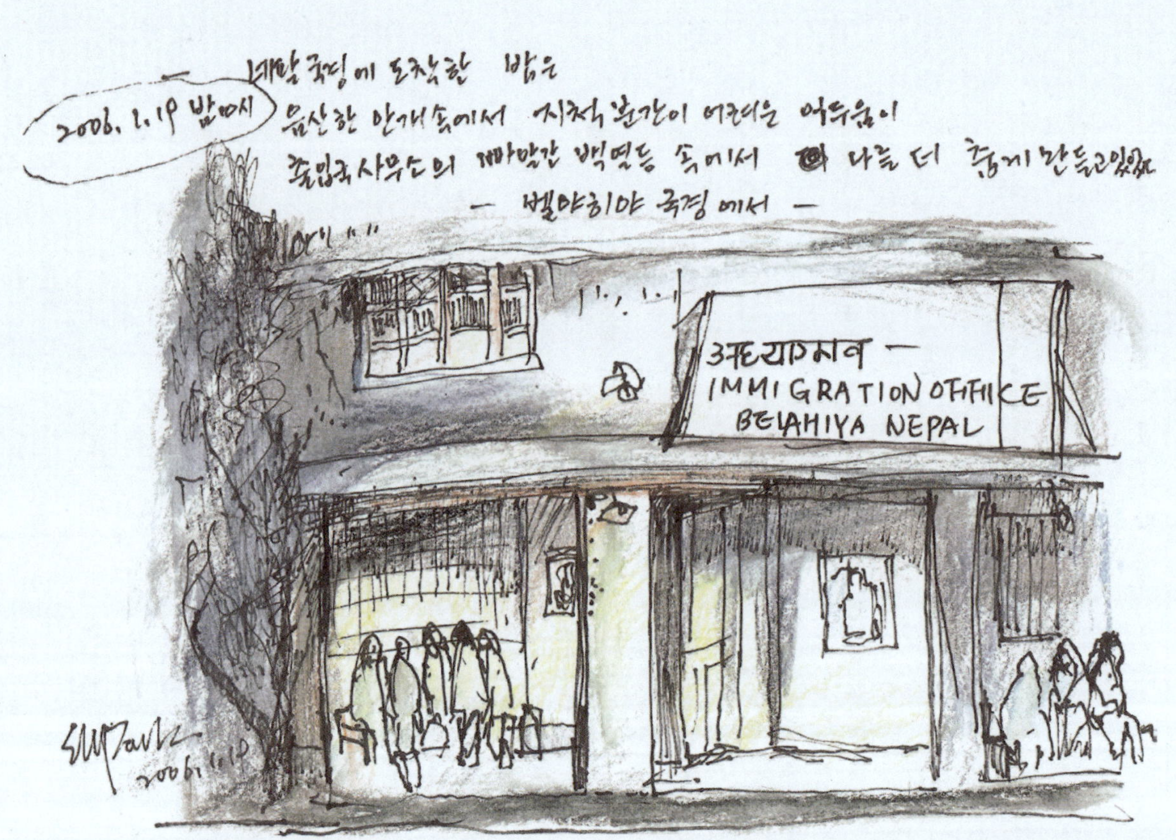

2006. 1.19 밤10시
네팔 국경에 도착한 밤은
- 벨야히야 국경에서 -
IMMIGRATION OFFICE
BELAHIYA NEPAL

벨야히야 – 네팔 국경.

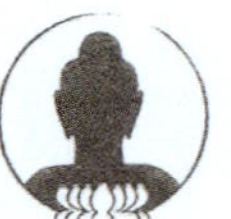

BUDDHA MAYA GARDENS P. LTD.

The Ultimate Retreat for Peace and Harmony

카트만두 (Kathmandu)로 가야 할 비행기가 Delhi에서 부터 출발하지 않았다. 국제선이 각기 보다는 열악한 그들의 운송수단이 약속된 예약표도 무시하고 아무런 조치도 없다.

할수없이 우리 일행은 대절 Bus로 네팔의 Lumbini로 향했는데 4시간을 간 다음 오후 2시경 점심은 된장국에 김밥으로 처리했다 길가의 식당을 빌려서 허겁대며 주린 뱃속을 채우는데, 동네 구경났다. 온갖 사람들. 다 모여서 우리의 모습을 신기해 한다.

한국전쟁후 태어난 내가 미국인을 보고 무조건 Hello 하며 따라다녔던 옛날이 생각났다. Hello! Hello! You money! Dolla! Give me.

아! 인도여, 왜? 이렇게 사십니까?

많은 사람의 구경거리를 중단시키고 다시 Bus에 오르는데, 교통체증에 Bus가 길 한복판에서 2시간 동안 서 있었다. 이유도 없는 체증. 엉켜버린 차량사이에 유리창이 하나도 없는 낡은 시내 Bus에 사람이 가득히 싣고 아무렇게나 가는 모습이 무슨 고물상 집하장 같다. 사람도. 차량도. 소. 개. 돼지 모두가 먼지와 함께 산다.

밤이 내리자 갑자기 길양편에서 안개가 연막처럼 밀려온다. 크락숀 소리가 한번도 멈추지 않고 국경까지 왔다.

Belahiya 네팔국경. . . . 인도의 국경 초소엔 촛불이 켜져 있고 가물가물 한 불빛에서 긴 총을 맨 국경수비의 눈빛은 굶주린 야수처럼 번뜩인다.

Nepal의 Buddha maya Hotel에서 보내준 임시 Bus는 그곳에서 잠시 빌린 시내버스 였는데. 유리창이 자꾸 열려서 추위를 피할수 없었다. 버스 엔진소리는 꼭 경운기 폭발하는 소리 였어.

Buddha Hotel! 1박 PM... 잠을 자고. 내일 Lumbini로 보리수 나무를 보러 갈꺼야. 꿈을 꾸세......

2006. 1. 18

1박 성현

South Lumbini Garden, Madhuwani Village Development Committe, Ward No.-6, Rupandehi, Lumbini, Nepal Tel: (071)580220, Fax (977-71) 580219
KTM Office: Kathmandu Guest House, P.O. Box: 21218, Thamel, Kathmandu, Nepal. Tel: (977-1) 4413632 / 4418733, Fax: (977-1), E-mail: bmg@nepalhotel.com

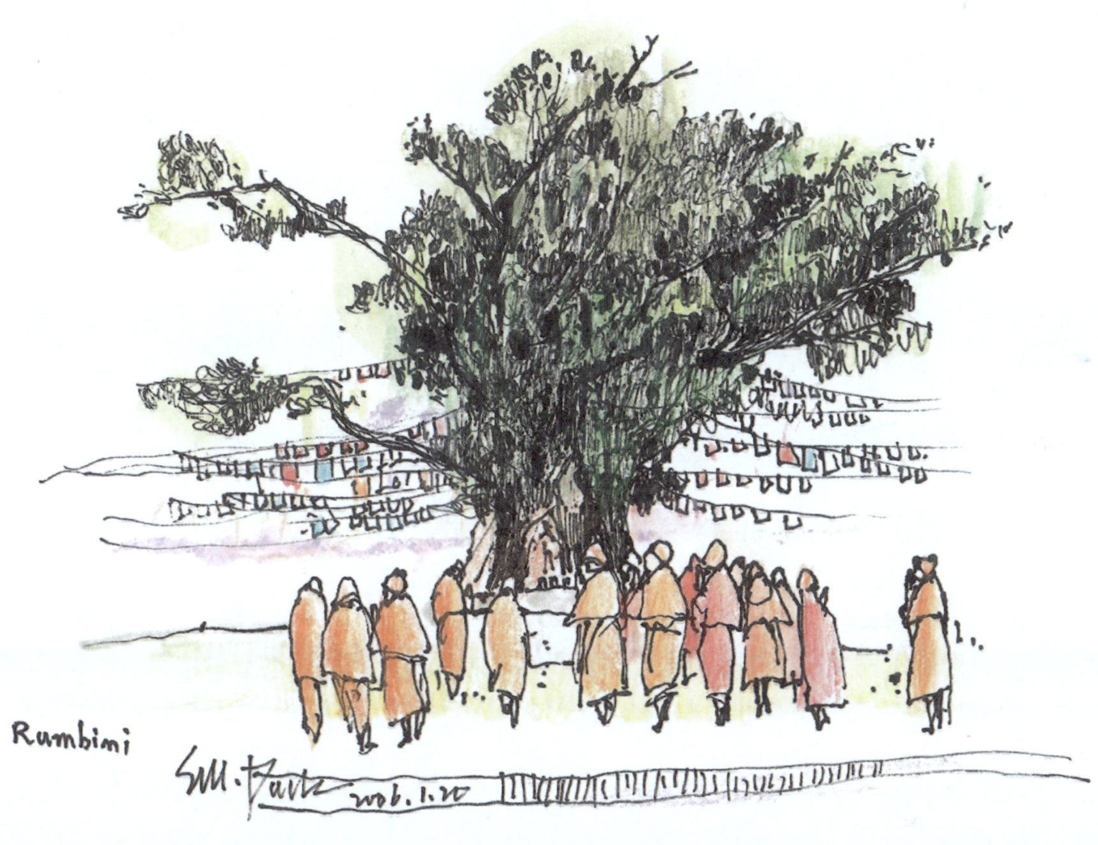

룸비니의 보리수 나무

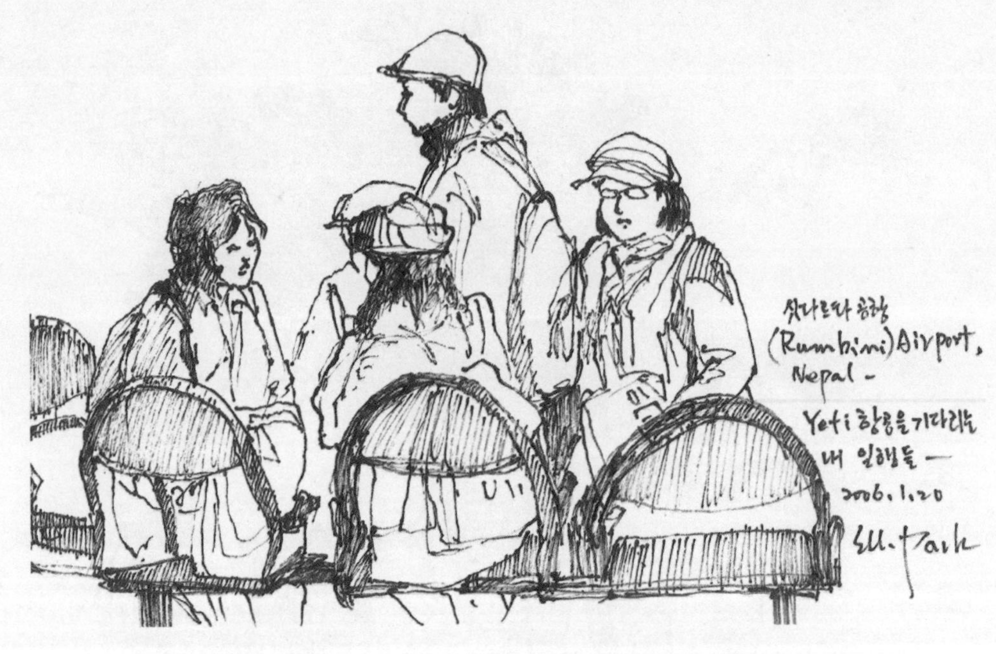

싯다르타 공항
(Rumbini)Airport,
Nepal -
Yeti 항공을 기다리는
내 일행들 -
2006.1.20
SW.Park

싯다르타 – 공항에서 비행기를 기다리는 여행객들

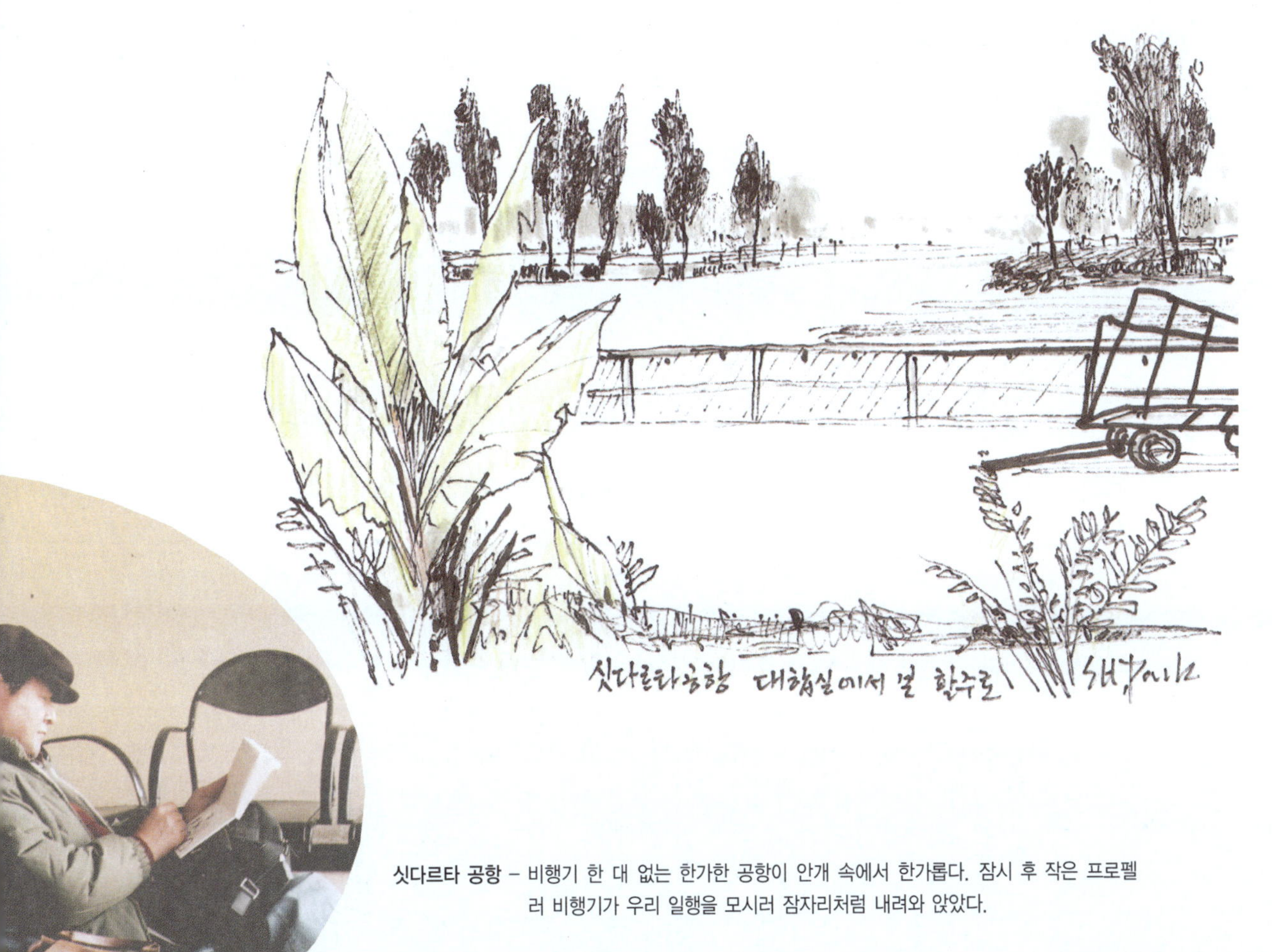
싯다르타공항 대합실에서 본 활주로
SHPaik

싯다르타 공항 – 비행기 한 대 없는 한가한 공항이 안개 속에서 한가롭다. 잠시 후 작은 프로펠러 비행기가 우리 일행을 모시러 잠자리처럼 내려와 앉았다.

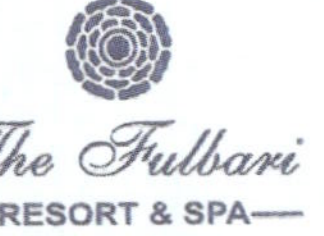

The Fulbari
RESORT & SPA
POKHARA, NEPAL.

안녕하십니까?
아침일찍 룸비니의 부다 마야 Hotel로 찾아온 Nepal의 현지 가이드가
꼭 오랜 친구처럼 하봉하면서 시골에서 올라온 총각처럼 쑥대머리 모습이다.
몽골족으로 분류의 발음이 우리와 가까워서 일까.
한국에서 공부했다는 그가 위트가 넘치는 말솜씨로 웃기기도 하고 우리를
경건스럽게 불자로 만들기도 한다. 룸비니 동산에서 보리수 나무 등 그리고 나서
시다르타 공항으로 직행하였다. 다행스럽게 비행기 운항이 된다 한다.
어제 비행기로 카트만두에 돌아가지 못한게 못내 아쉬웠지만 대신 룸비니에
12시간 Bus 운행한 우리로서는 지칠대로 지친 몸이 [illegible] 그저 행복할 뿐이다.
70人승 비행기는 일행을 싣고 날렵하게 Himalaya의 雪峰을 하늘아래 잠재운다.
장엄한 고봉은 만년설로 뒤덮힌채 지구위를 숨쉬고 있는 나무들이 아무것도 아닌냥
그 위용을 한껏 뽐내고 있었다.
Pokhara! 얼마나 와 보고 싶었는가!
마치도록 시렸던 하늘아래 펼쳐진 이 땅의 주인인 히말라야는 나를 그의 가슴에
꼬-옥 껴 안는다.
"하느님 여기 계시나이까"
Pokhara의 기쁨은 족히 눈내린 물로 우리를 맞이하고, 그지없이 기어다니던 미물은
당신앞에서 존재의 가느다란 숨결을 내 쉽니다.
Skech가 잘되어간 탓에 또한번 아름다움으로 가득한 화폭을 서둘러서
그리고 또 그린다.
이렇게 Nepal에서의 밤은 가슴깊이 오고 가는데. 달빛 없는 밤 반짝이는
밤하늘 아래서 별빛처럼 우리의 가슴으로 찡- 하게 파고 드는것인가

Pokhara — 박성현 2006.1.20

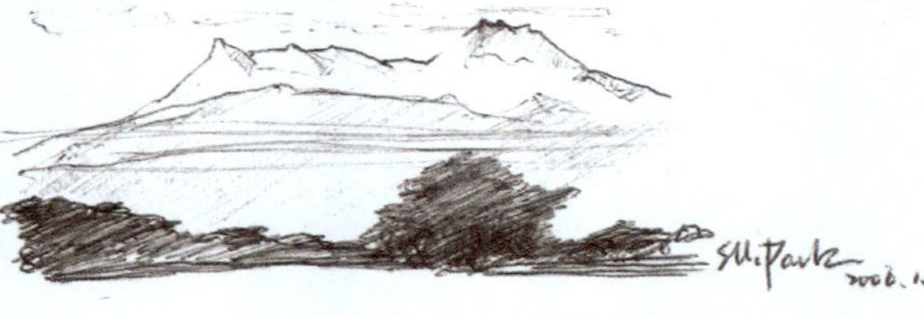

THE FULBARI RESORT & SPA
P.O. Box: 334, Pokhara, Nepal, Tel.: (977-61) -523451 Fax : (977-61) 528482, Email : admin@fulbari.com.np
KATHMANDU SALES & MARKETING / RESERVATIONS OFFICE
P.O. Box : 12868, Kathmandu, Nepal, Tel. : (977-1) 4477305 / 4781462 /4780882, Fax : (977-1) 4477306
Internet : www.fulbari.com

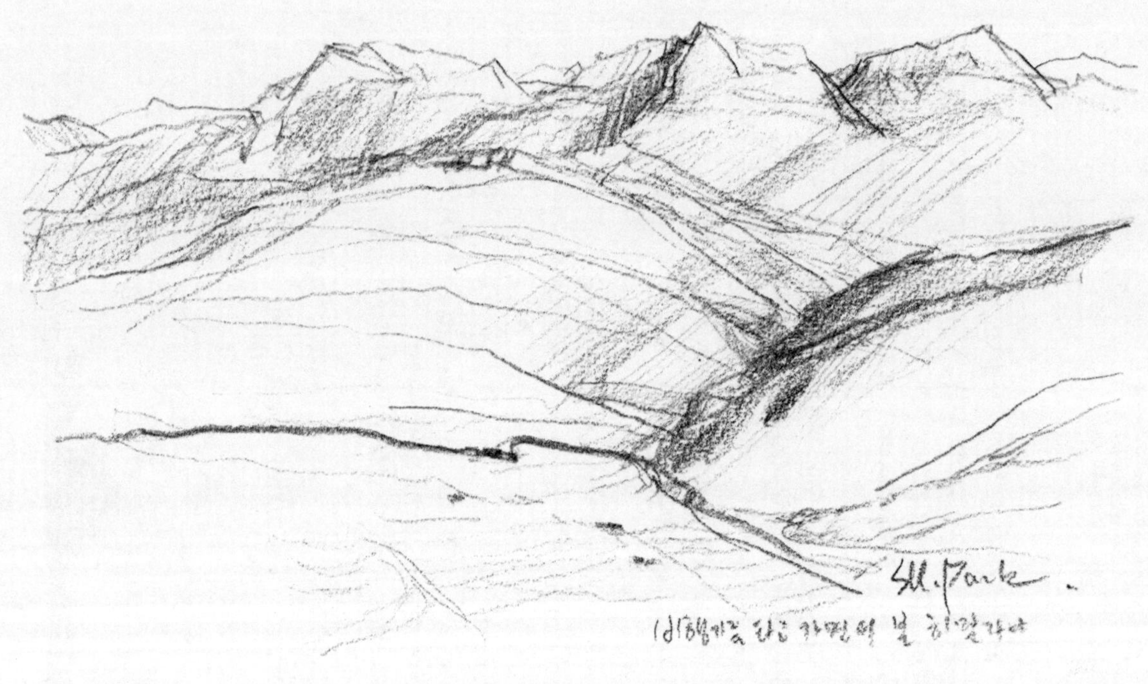
SM. Park
비행기를 타고 가면서 본 히말라야

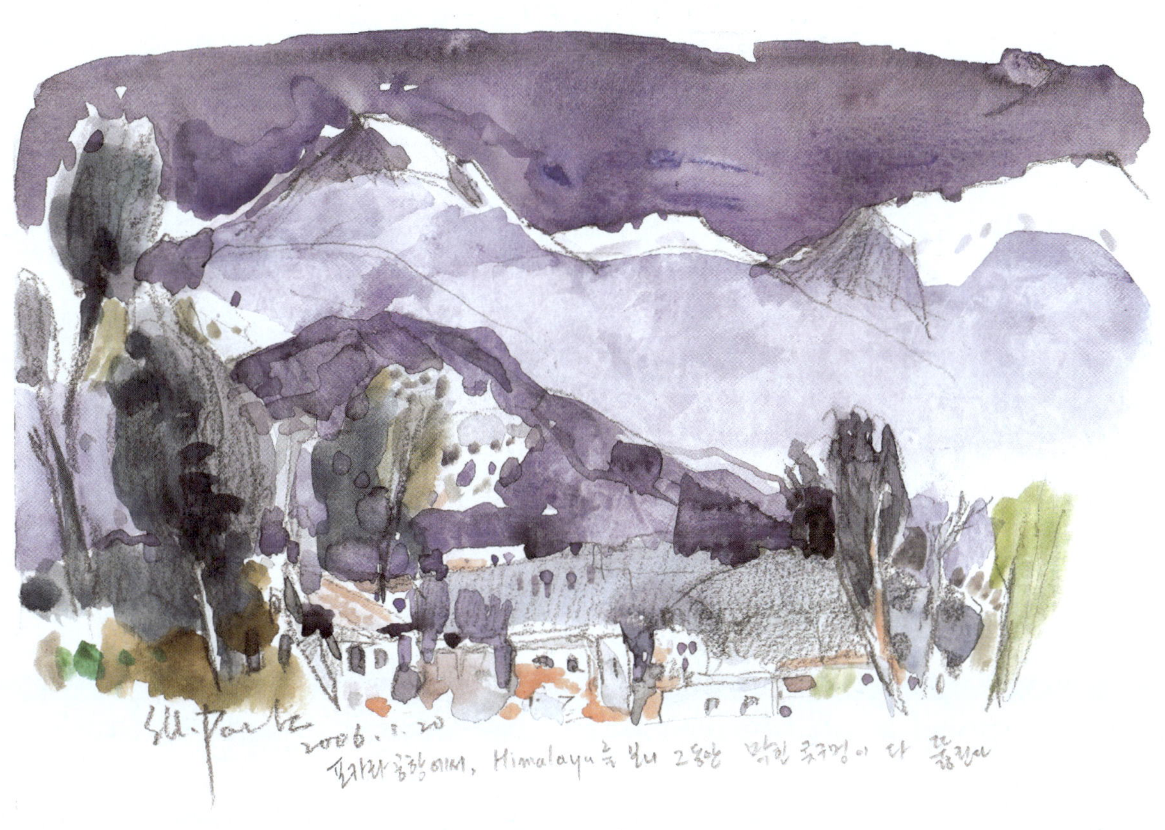
포카라 공항에서, Himalaya를 보니 그동안 막힌 콧구멍이 다 뚫렸다

포카라 – 히말라야

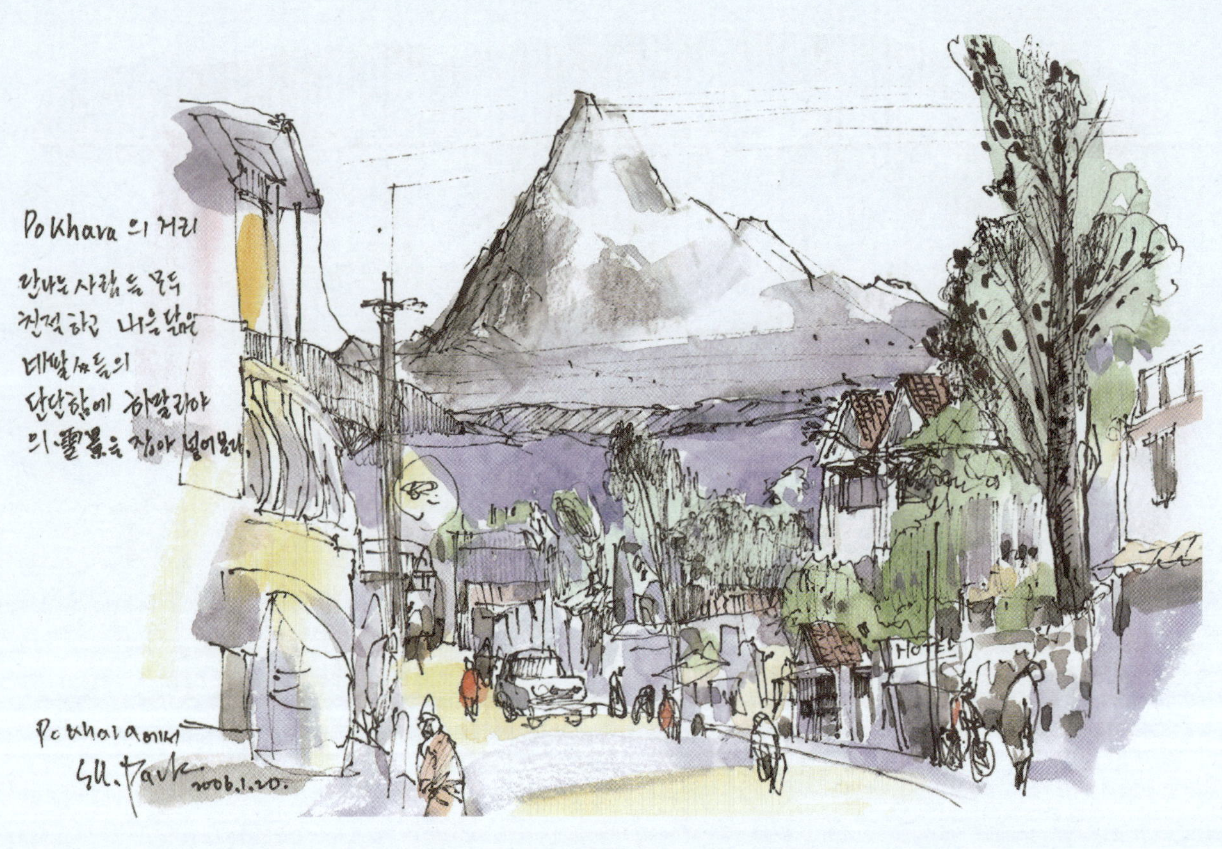
Pokhara 의 거리
만나는 사람들 모두
친절하고 나를 닮은
네팔人들의
단단함에 히말라야
의 雪景을 잡아 넣어본다.
HOTEL
Pokhara에서
S.H. Park
2006.1.20.

– 포카라시가지 –

FAX SHEET

Attn: 안나푸르나 "Annapurna" 당신의 가슴 속으로 들어갑니다. Date:

Fax No.: City/Country:

From: 박 성 진 Room:

No. of pages: (including cover sheet)

새벽, "사랑곶"을 向하는 Bus 속은 어두움으로 가득하나 얼굴들이 모두 상기된 모습이다.
한걸음에 뛰어 오를수 있을듯 하던 "안나푸르나"는 가면 갈수록 더 멀리 더 크게
내 앞에서 너무나 우뚝 서있었다.
동쪽으로 멀리서 바알갛게 오르는 햇살이 설봉을 비쳐 가슴을 뛰게 한다.
황홀 설채! 장관이다. 그 설봉이 티없이 맑음에 이곳 티벳 사람들의 가슴에
아무런 욕심도 없이 그저 나는 그들의 神으로 모시고 살수 밖에 없는...
변하지 않는 그들의 갈구함이 또한 다시한번 나에게 세파에 찌든 우리가슴을
짓누르고 있음이 내기의 순한 뿐은 아니리라,
히말라야를 보고 여기서 누가 나의 이야기를 하라, 나는 금강산에 갔어, 한라산, 백두산
Rocky, Alps, Fuji ... 이야기 하지 말라 —
거대하고 장엄함이 태양과 함께 영원하다.
뜨는 태양을 그는 가슴으로 받아 들이고 그의 얼굴을 닦아 내지 않더가.
스케치를 하는 손이 바쁘게 움직이지만 어쩌면 아무 생각도 없이 본능에
의지 하며 당신을 이야기 하고 있나요.
나는 한마리 미물이지만 이제사 여기 온것을 죄송하게 생각 합니다.
진작 가보았어야 하는데 너무 늦었나이다, 용서 바랍니다.

— 옴마니 밧메홈 —

2006. 1. 21

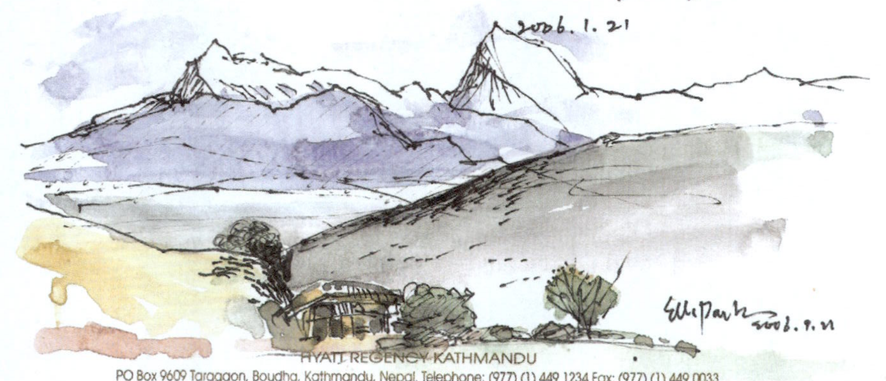

HYATT REGENCY KATHMANDU
PO Box 9609 Taragaon, Boudha, Kathmandu, Nepal. Telephone: (977) (1) 449 1234 Fax: (977) (1) 449 0033

—DOKARA—

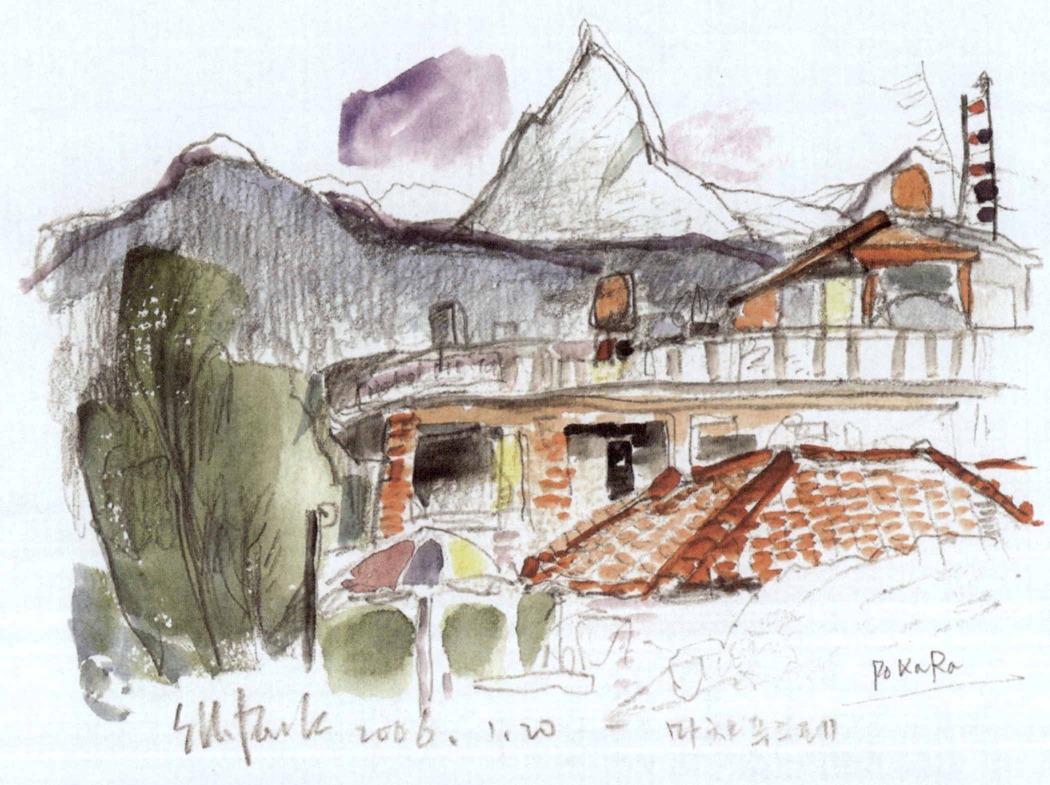

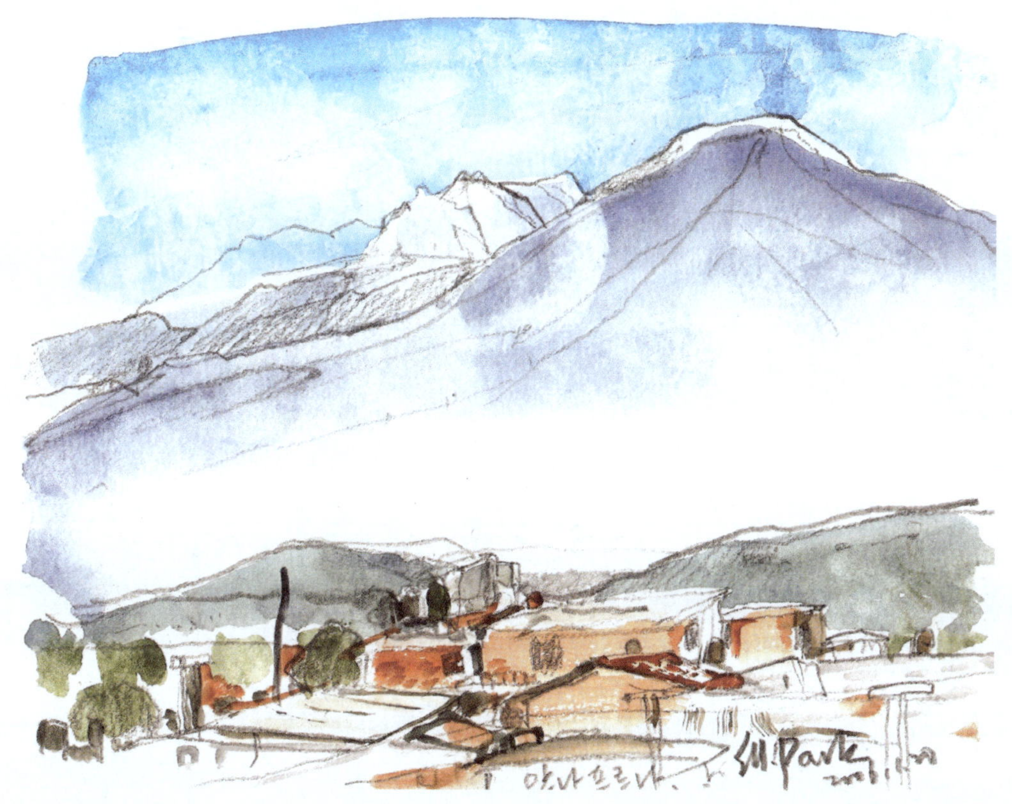
안나푸르나

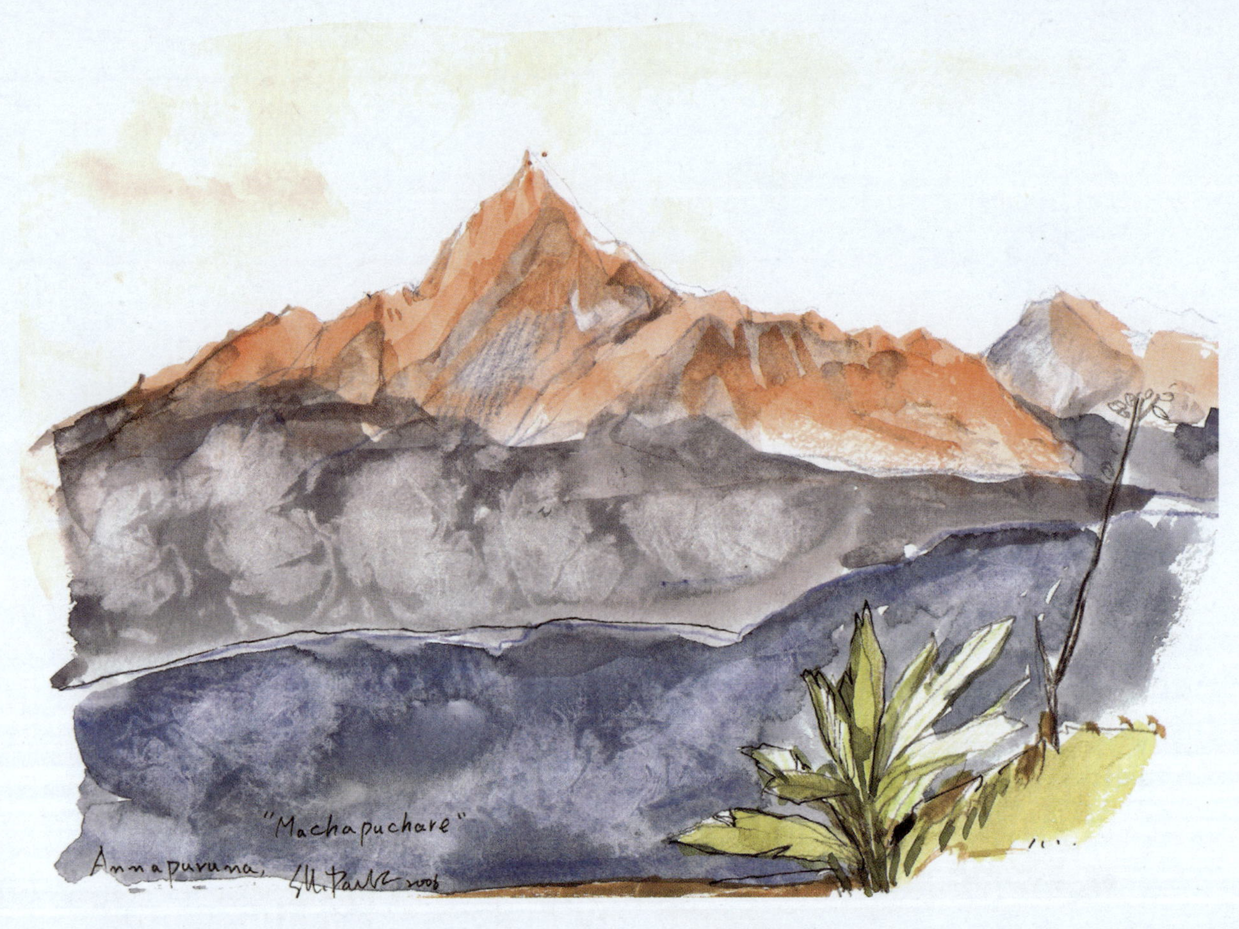

사랑콧에서 – 마차푸차레

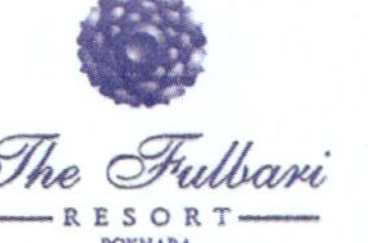

The Fulbari
RESORT
POKHARA

FACSIMILE MESSAGE

Attention:	From:
Title: 페와호수와 안나푸르나,	
Name of Company:	Facsimile No:
City & Country:	Date: 2006. 1. 21.
Facsimile No:	Total No. of Pages (incl. cover.sheet):

페와 호수에서 작은 나뭇잎처럼 생긴 보트를 탔습니다.
맑은 호수의 밑바닥에 수초가 여인의 머릿결 처럼 흔들립니다,
역광으로 보이는 노젓는 젊은 몽골리안의 눈빛이 까맣게 빛나고 있었어요.
페와 호수가 그 맑던 물빛이 죽어가고 있다는 우리나라 모 신문사 기자의
송고가 1월 10日 자로 인터넷에 올라 있었습니다,
실은 그 기사를 보고서 호수가 새까맣게 오염되었으려니 생각했는데
아직은 우리나라 어느 호수나 댐에 가두워진 물보다 더 깨끗했습니다.
안나푸르나의 하얀 설봉이 페와 호수에 반대로 드리워져 보이는 오후는
너무 아름다운곳에 내가 있다는 것이 행복했습니다 —

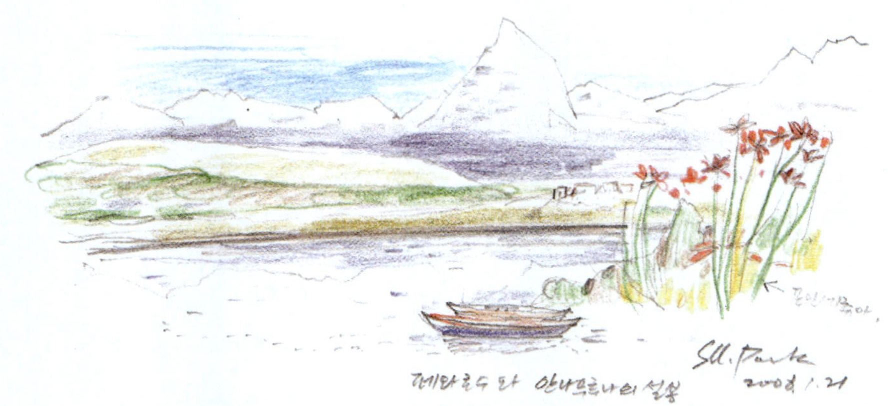

페와호수 와 안나푸르나의 설봉

*(If you do not receive all pages, please contact us immediately.)

THE FULBARI RESORT HOTEL
P.O. Box 334, Pokhara, Nepal Tel: (977-61) 23451/28483 Fax: (977-61) 28482
KATHMANDU SALES & MARKETING/RESERVATION OFFICE
P.O. Box: 12868, Kathmandu, Nepal Tel: (977-1) 527588/520085 Fax: (977-1) 523149
Internet: www.fulbari.com

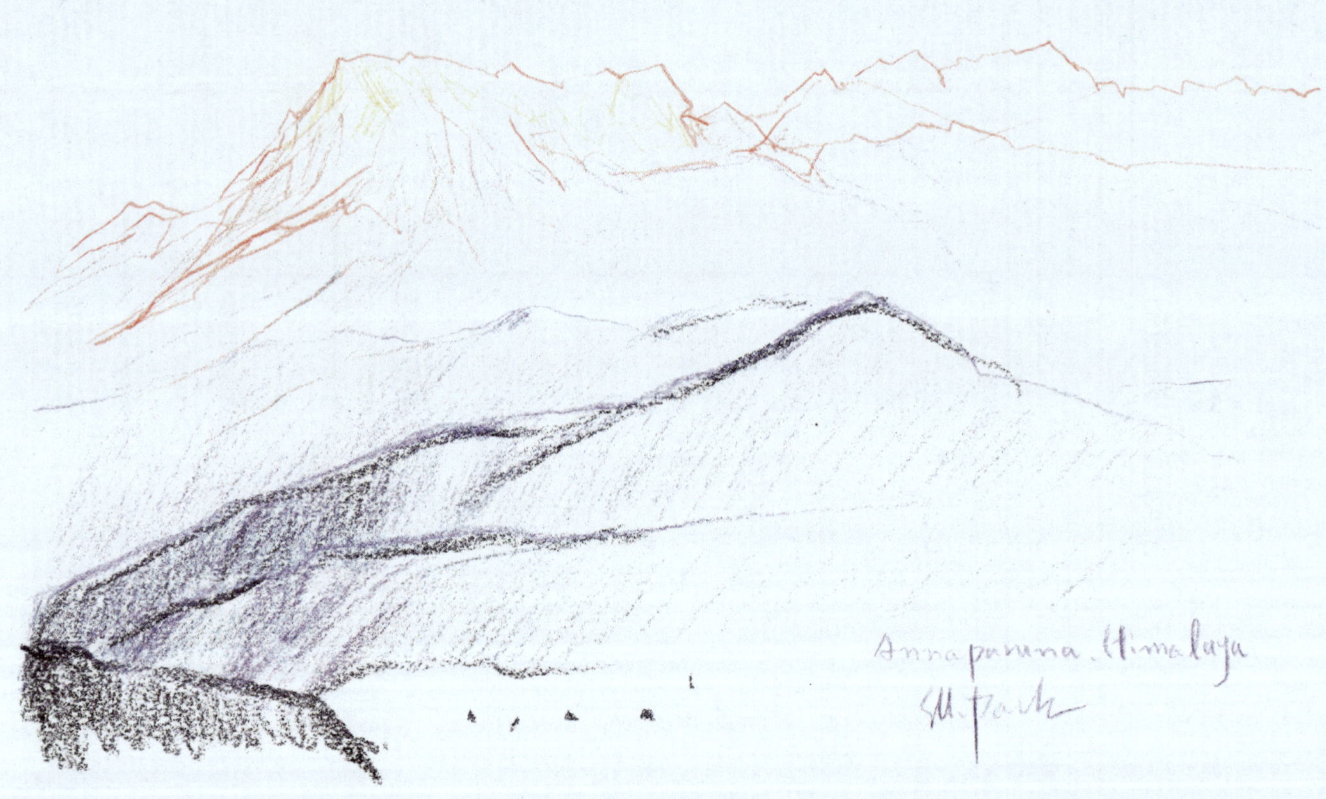
Annapurna Himalaya
SM. Park

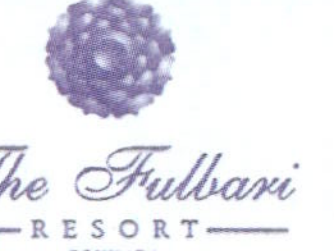

The Fulbari
RESORT
POKHARA

FACSIMILE MESSAGE

Attention:	From:
Title:	
Name of Company:	Facsimile No:
City & Country:	Date:
Facsimile No:	Total No. of Pages (incl. cover.sheet):*

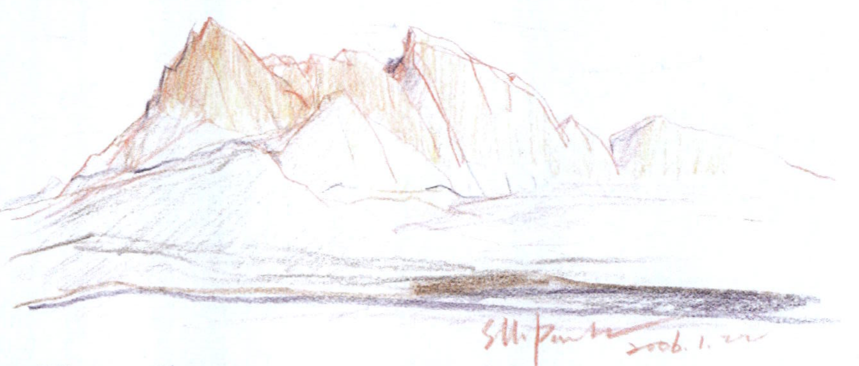

새벽 5시에 컵라면으로 배를 다스리고 사랑콧에 올랐습니다,
남들은 변속이라서 꽤 추워하는데, 역시 나는 체질적으로 준비를 잘하고 왔습니다.
안나푸르나, 설봉이 떠오르는 햇살을 받아 빠알갛게 변하는게 안나붉으나!
나의 장엄한 무대가 열리면서 1분마다 색갈이 변하고 있습니다,
사진찍기에 바쁜 많은사람들, 별 의미는 없지요, 잘 안나올거니까요. 나의 이름이 안나가 붙어있잖아요. 안나타요. 잘.
그래서 이렇게 pen을 쓱쓱 움직이면 금새 그려지잖아요.

2006.1.22
박성현

*(If you do not receive all pages, please contact us immediately.)

THE FULBARI RESORT HOTEL
P.O. Box 334, Pokhara, Nepal Tel: (977-61) 23451/28483 Fax: (977-61) 28482
KATHMANDU SALES & MARKETING/RESERVATION OFFICE
P.O. Box: 12868, Kathmandu, Nepal Tel: (977-1) 527588/520085 Fax: (977-1) 523149
Internet: www.fulbari.com

—ANNAPURUNA—

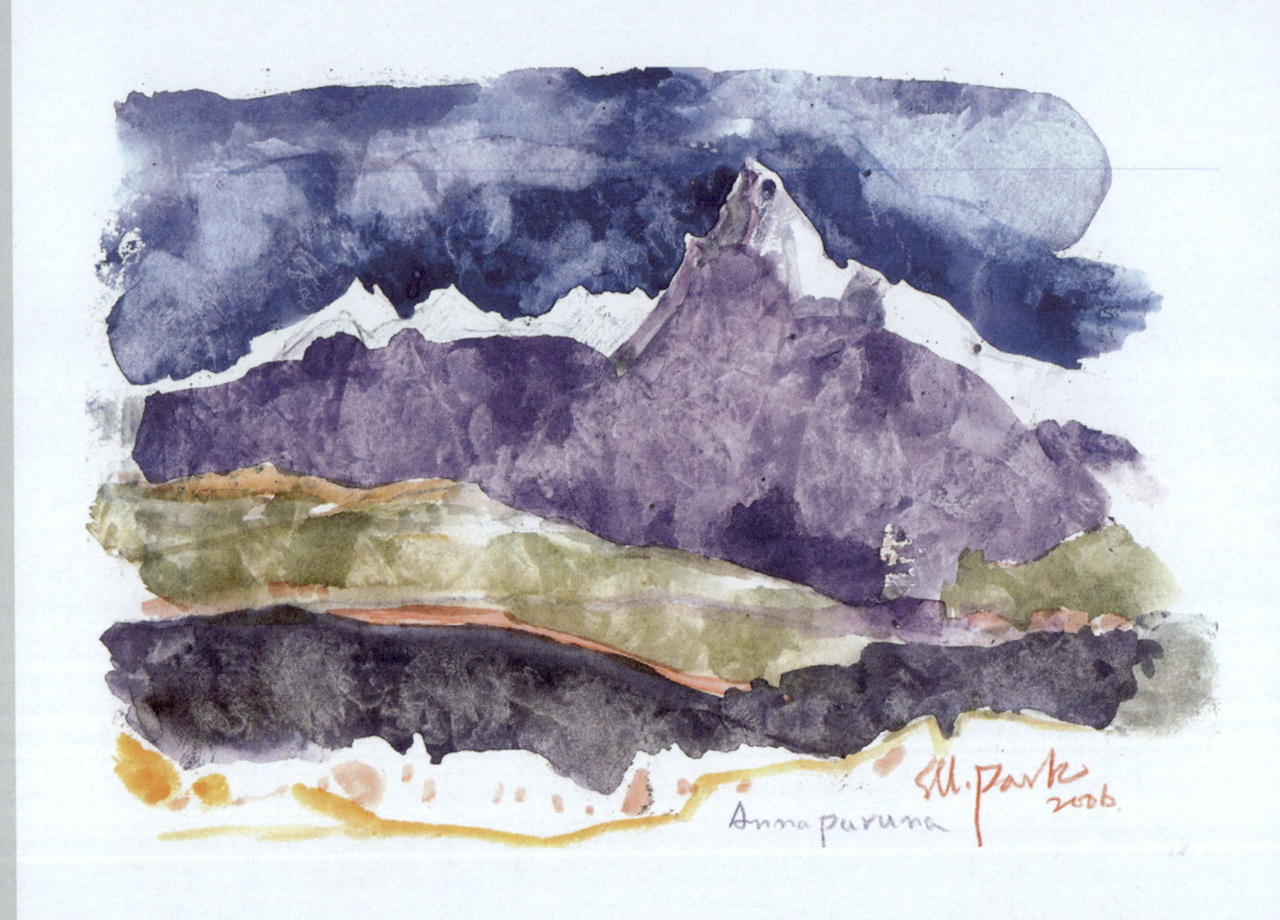

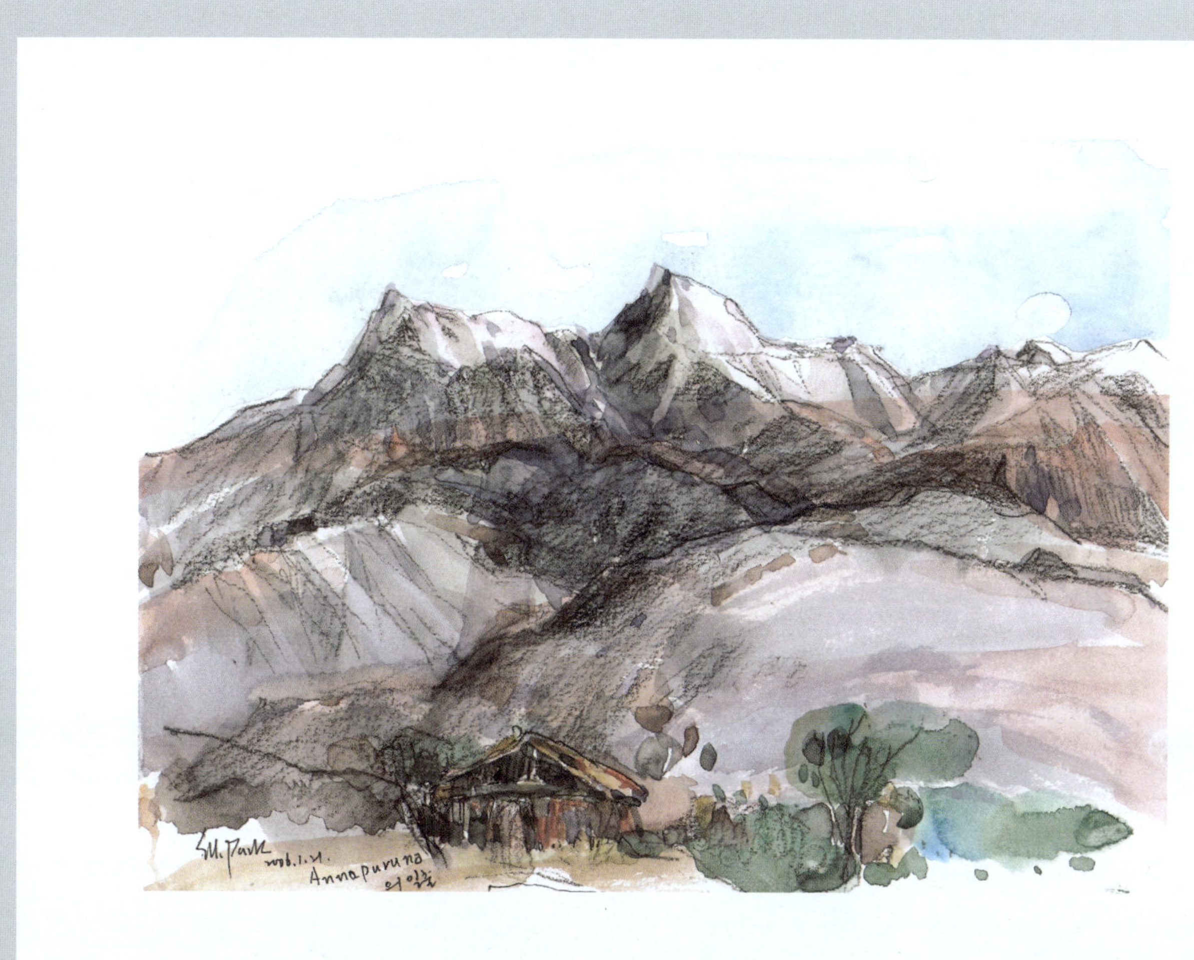
S.M. Park
2006.1.21.
Annapuruna

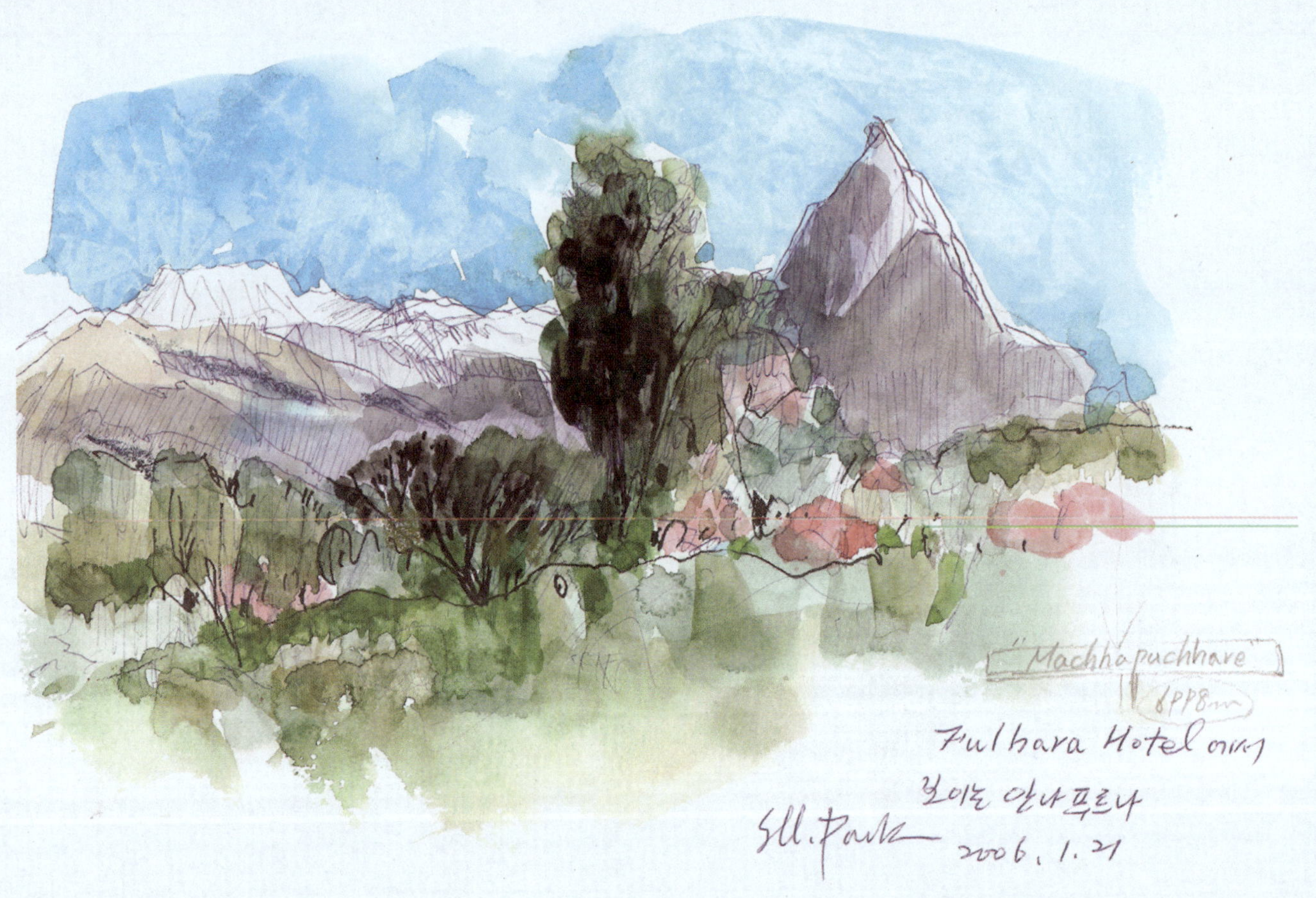
"Machhapuchhare"
6998m
Fulbara Hotel 에서
보이는 안나푸르나
2006. 1. 21

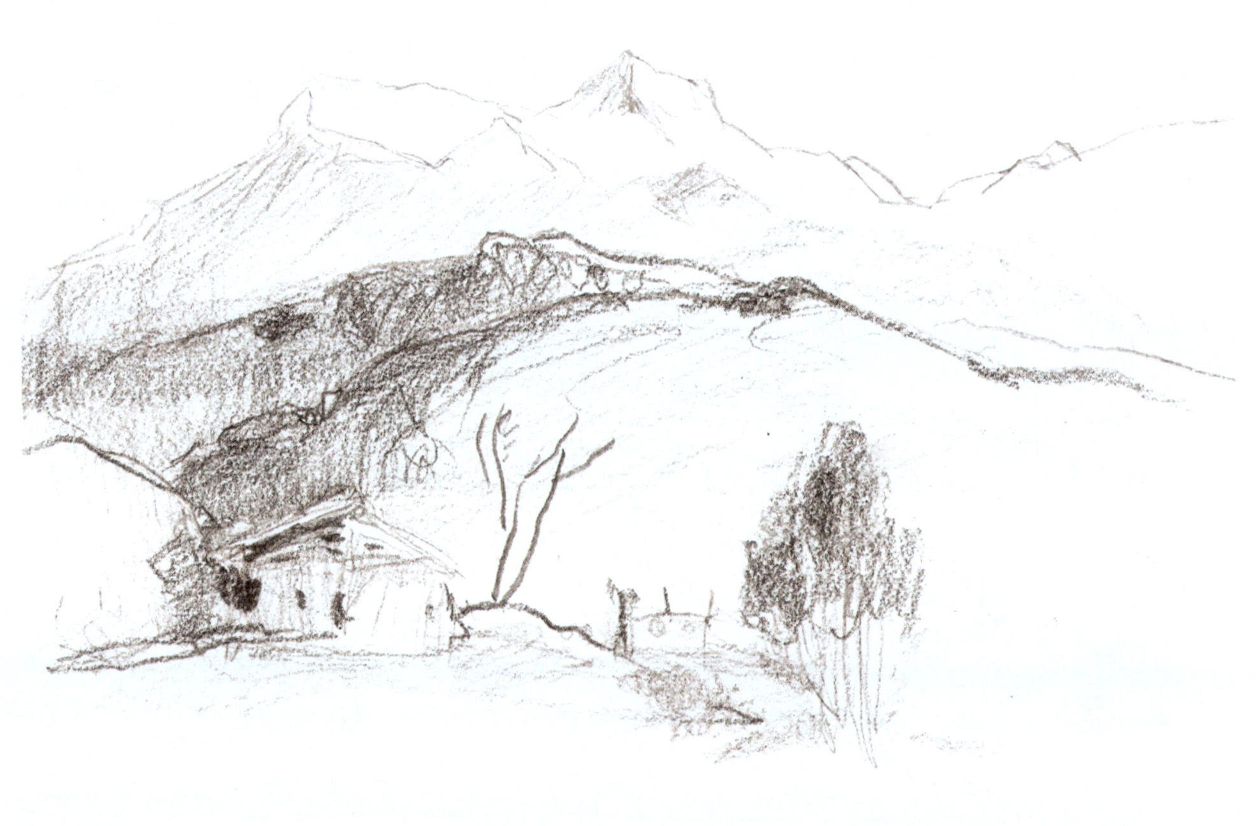

사랑콧 – 아침을 맞이하는 히말라야

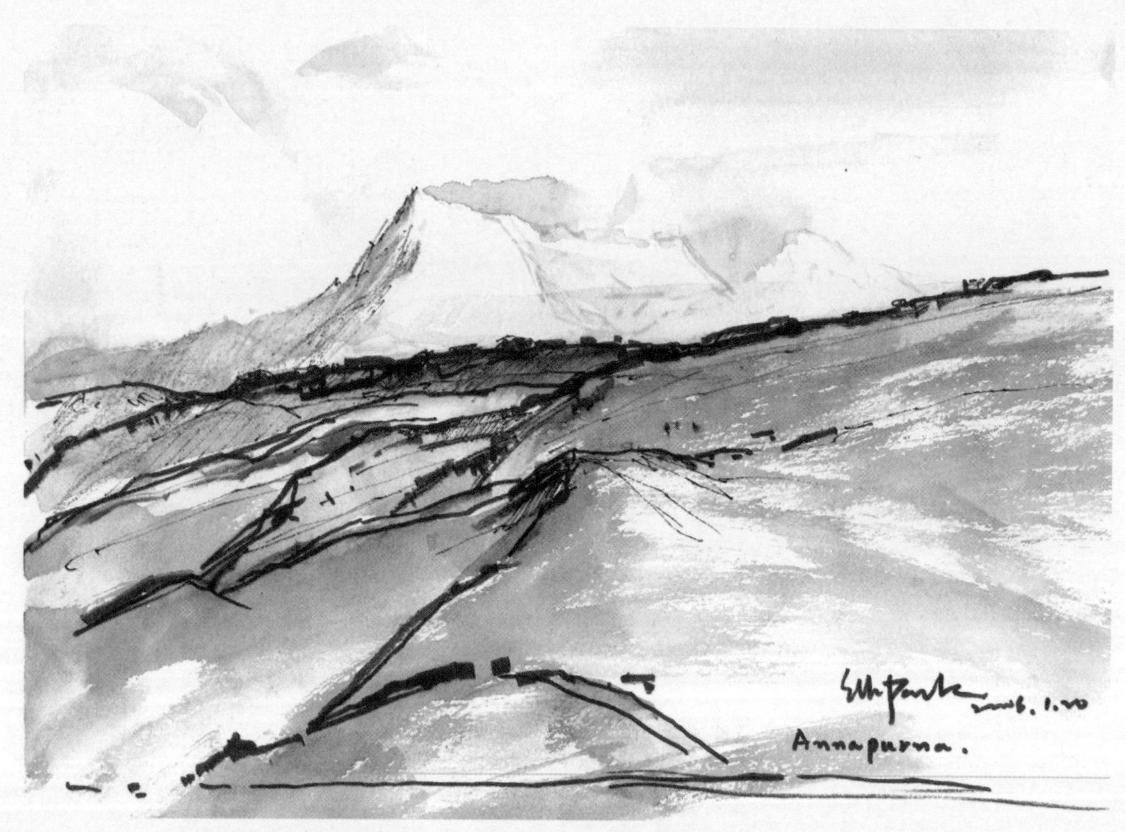
Annapurna.

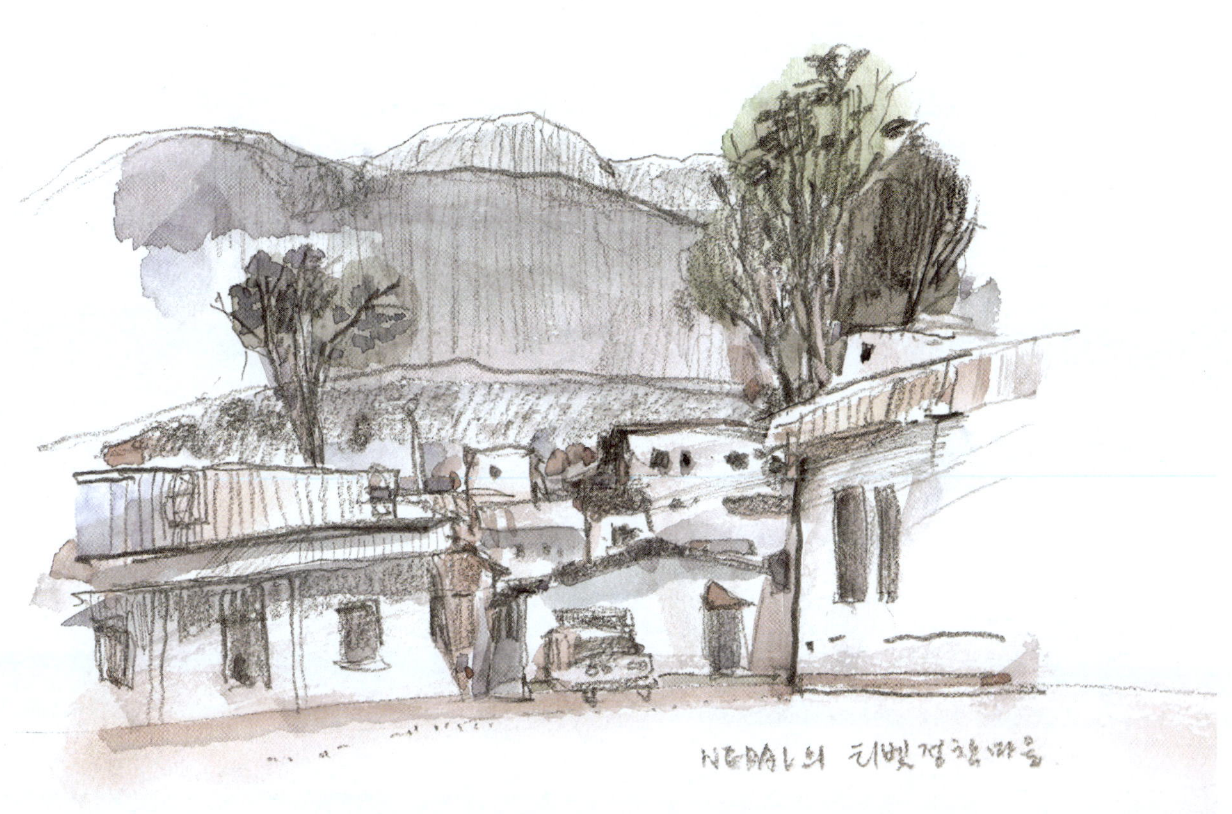

포카라의 티벳 난민들의 정착촌.

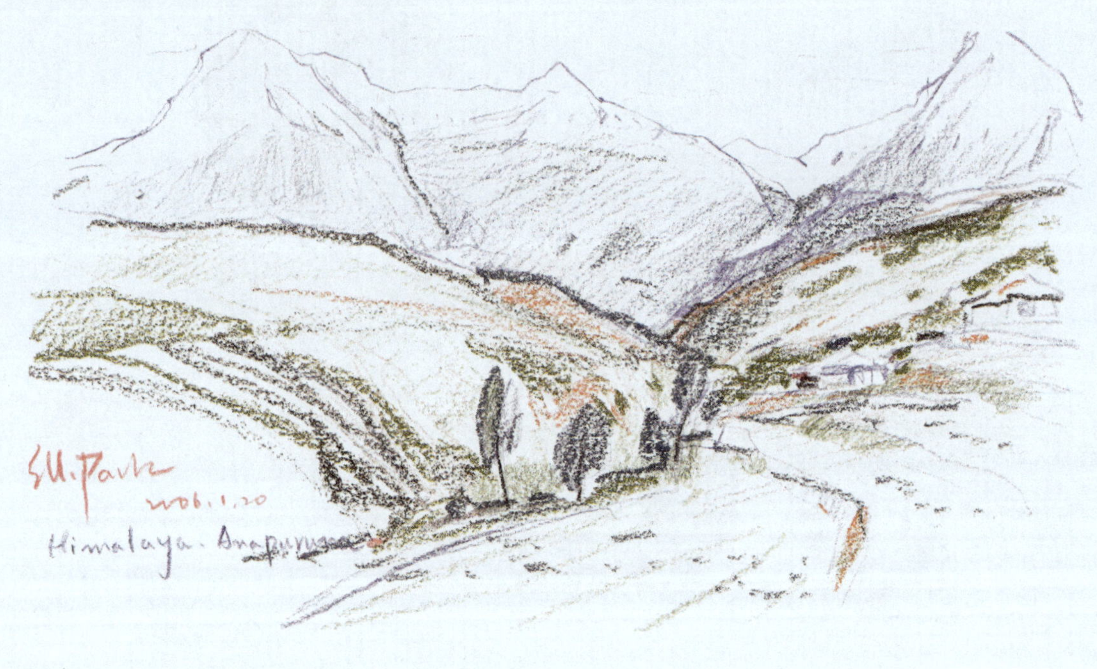

사랑콧에서 본 안나푸르나.

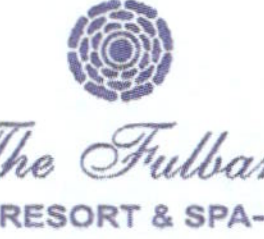

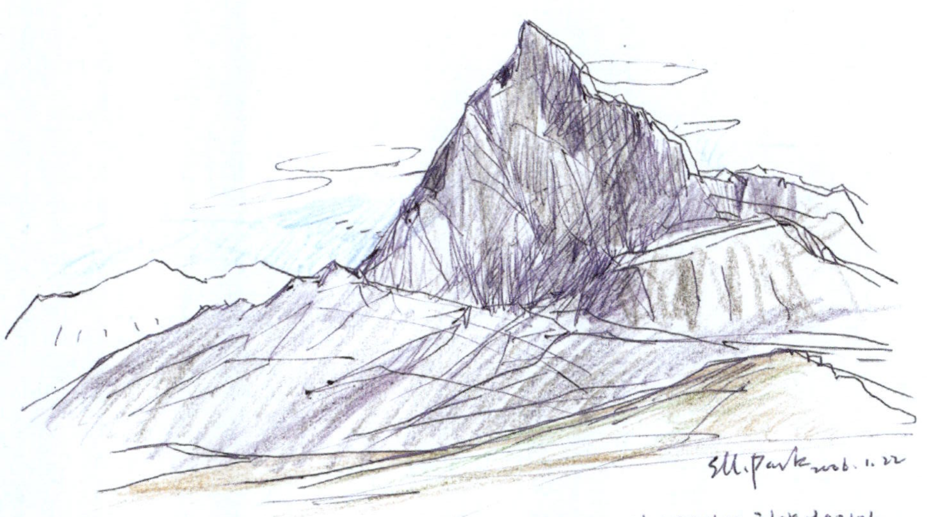

사랑콧에서 내려와, 아름다운 풀바리 Hotel의 내방에서 안나푸르나의 하얀 봉우리가 멀리 있어도 아주 또렷하게 보입니다. 하얀 설봉의 안나푸르나가 8000m가 넘는 고봉인데도 암체같이 떡 버티고 서있는 이놈은 마차푸차레라고 하는 6000m급 작은 산입니다. 자식! 버티고 서 있는 모습 꼴불견입니다. 그래서 아무렇게나 그렸습니다.

Fulbari Hotel 에서 박성현

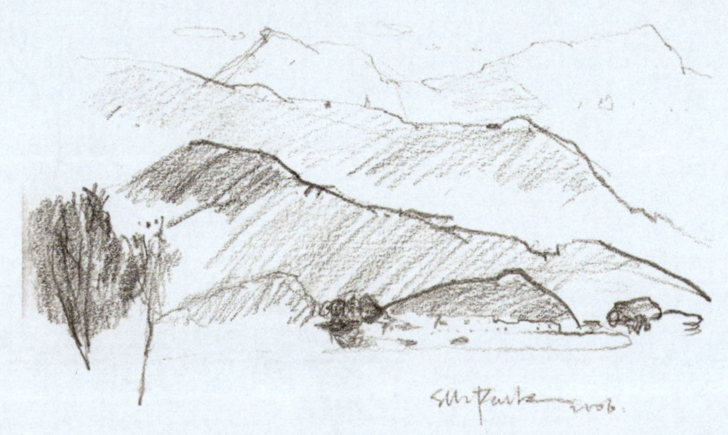

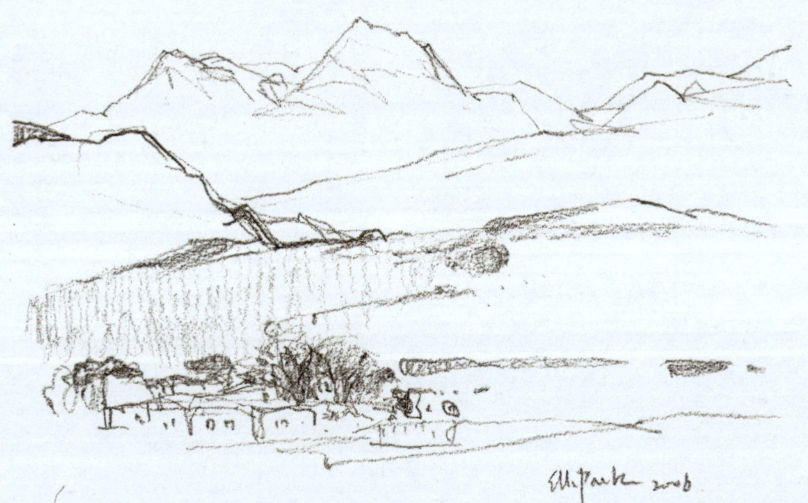

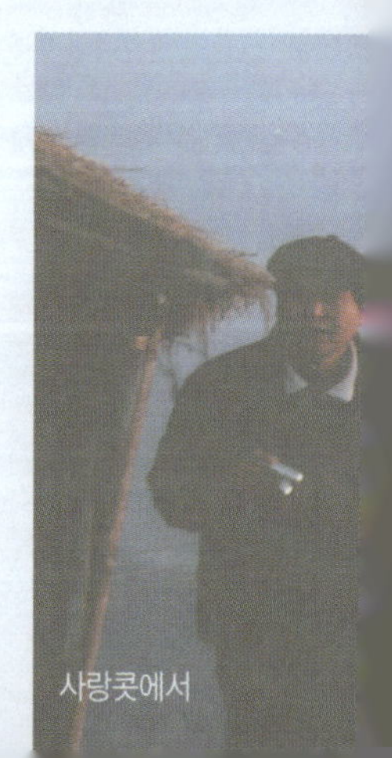
사랑콧에서

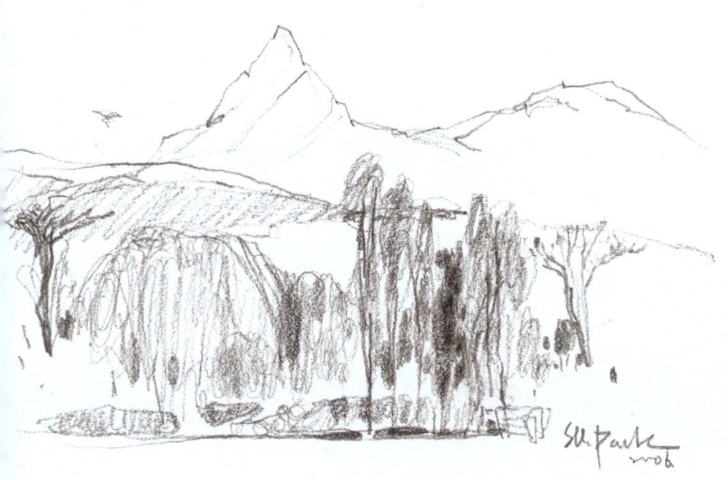

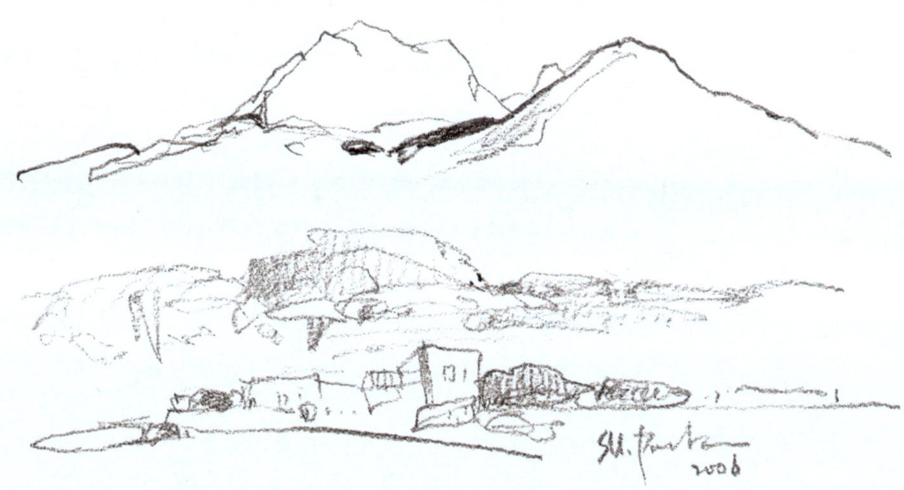

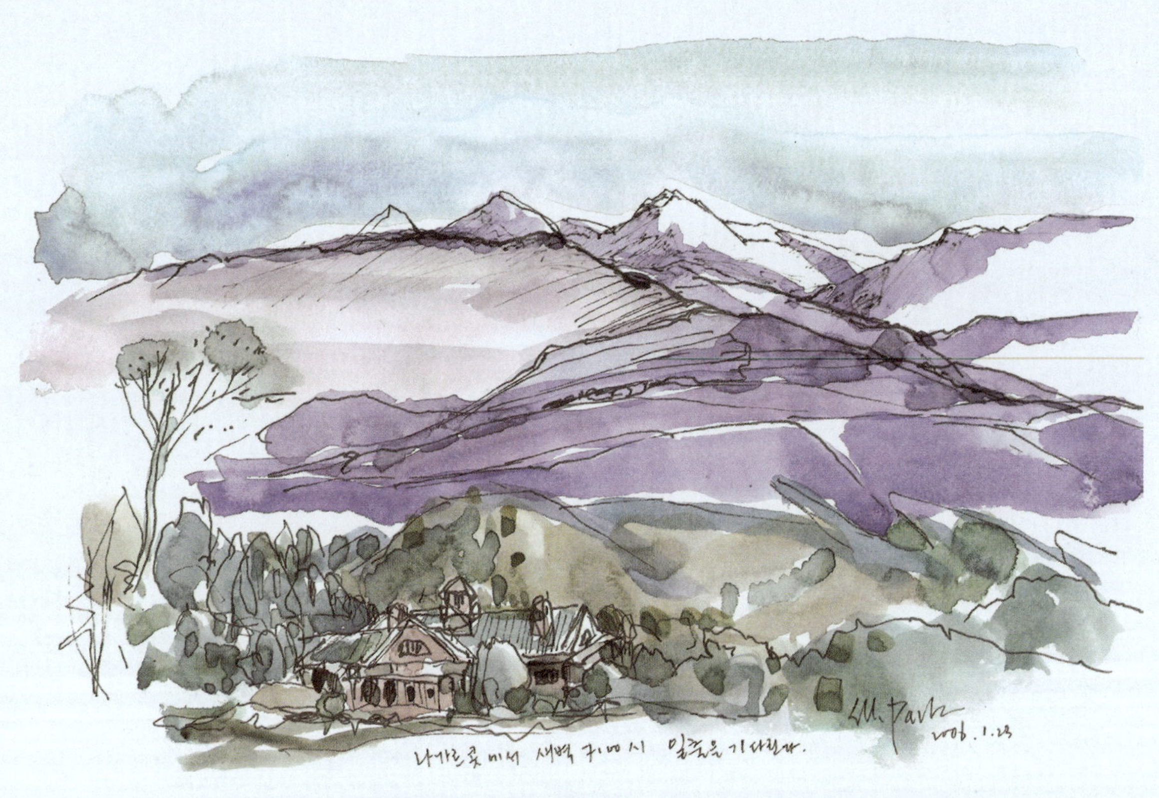

나가르콧 – 에베레스트가 멀리 보인다.

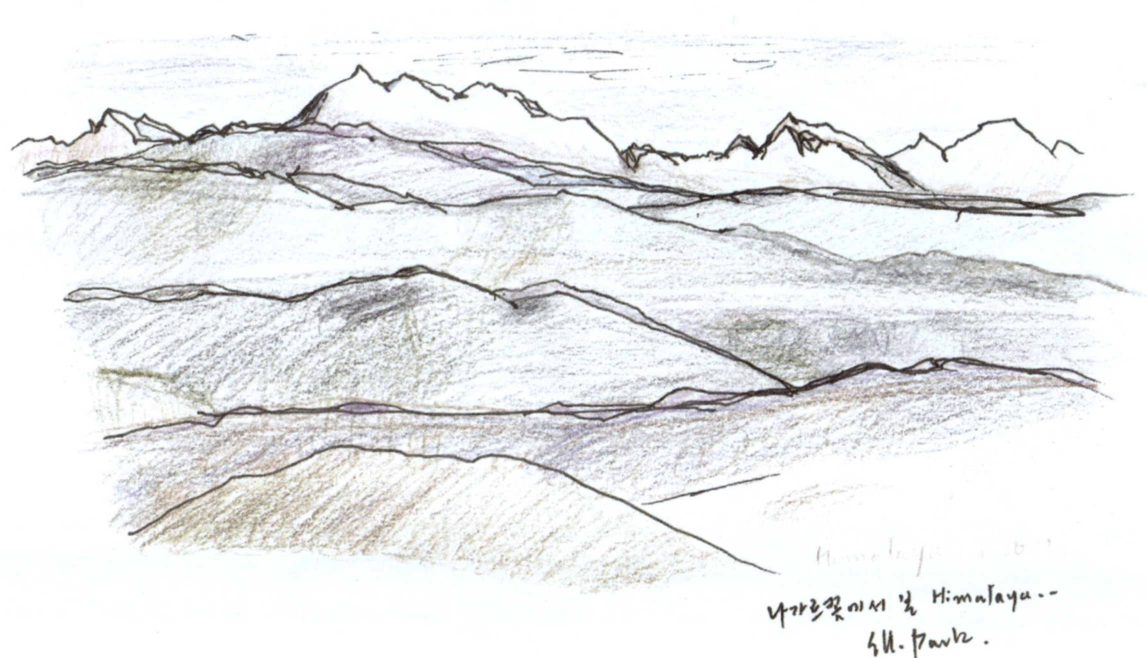
나가르콧에서 본 Himalaya..
SH. Park.

– 나가르콧 –

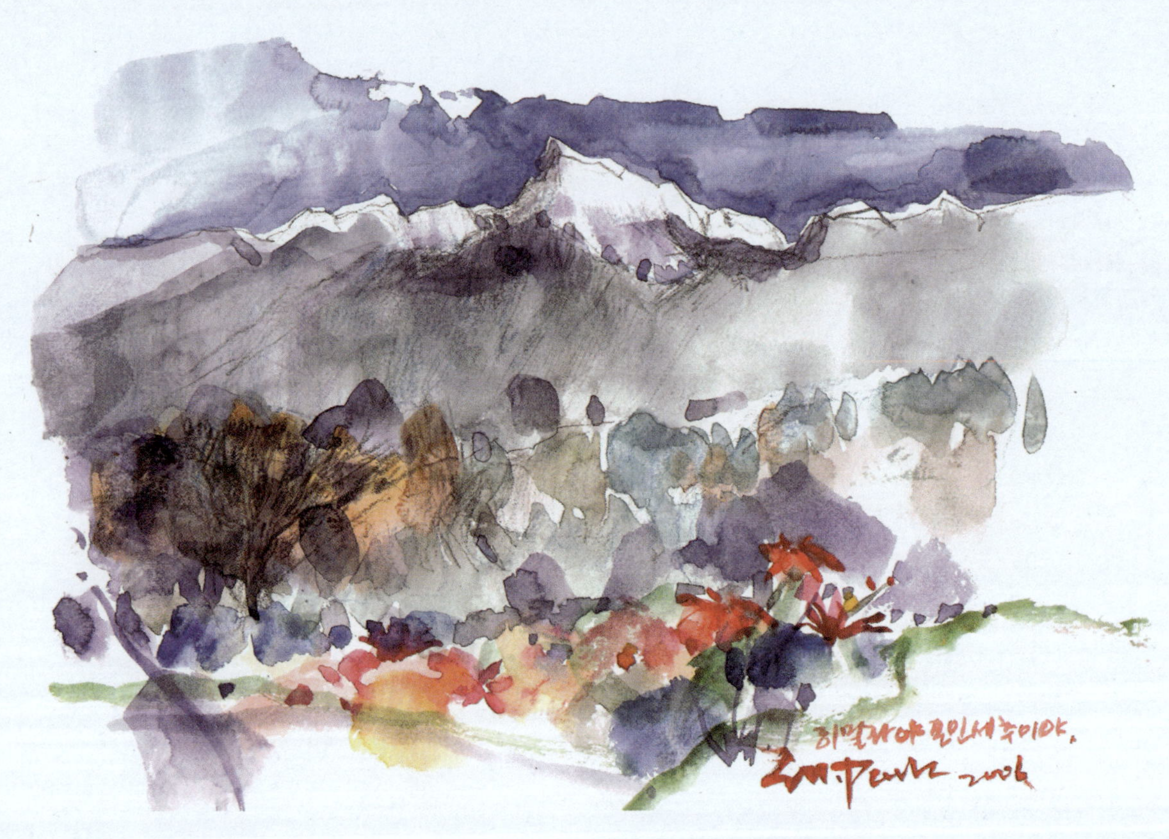

포인세츄아와 함께 본 히말라야.

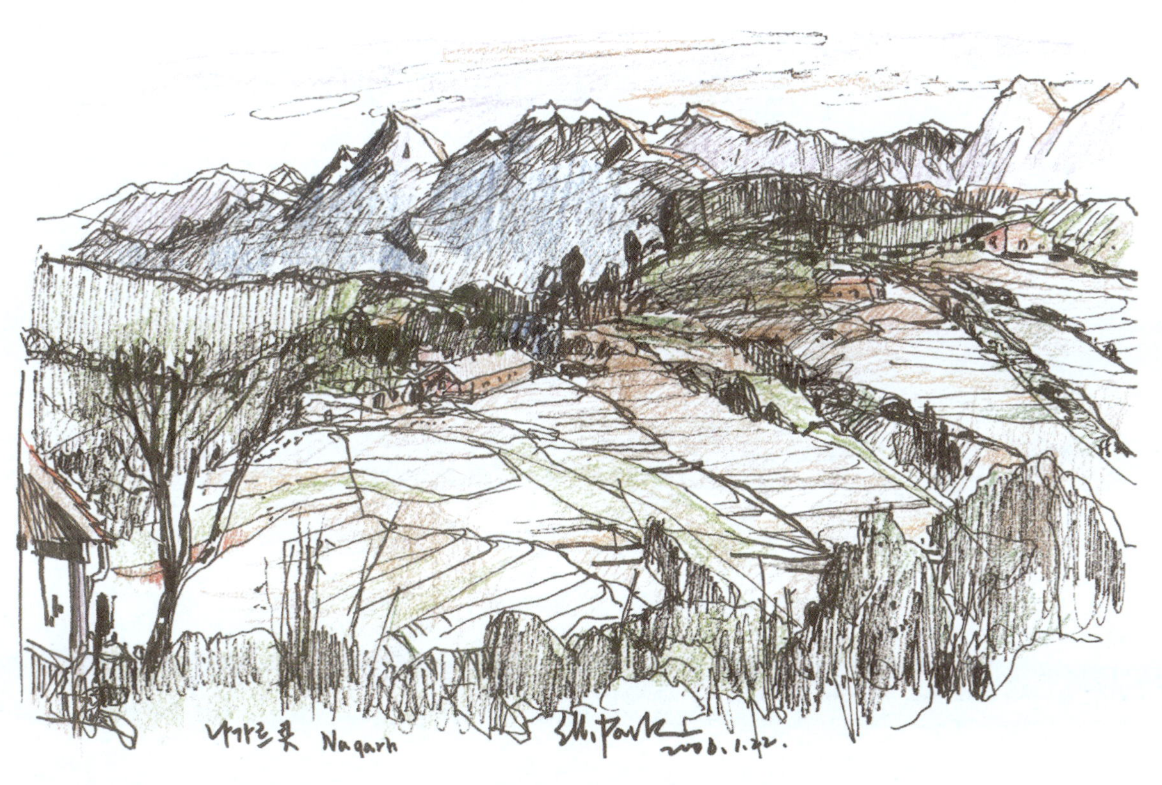

나가르콧 – 일출의 아름다움.

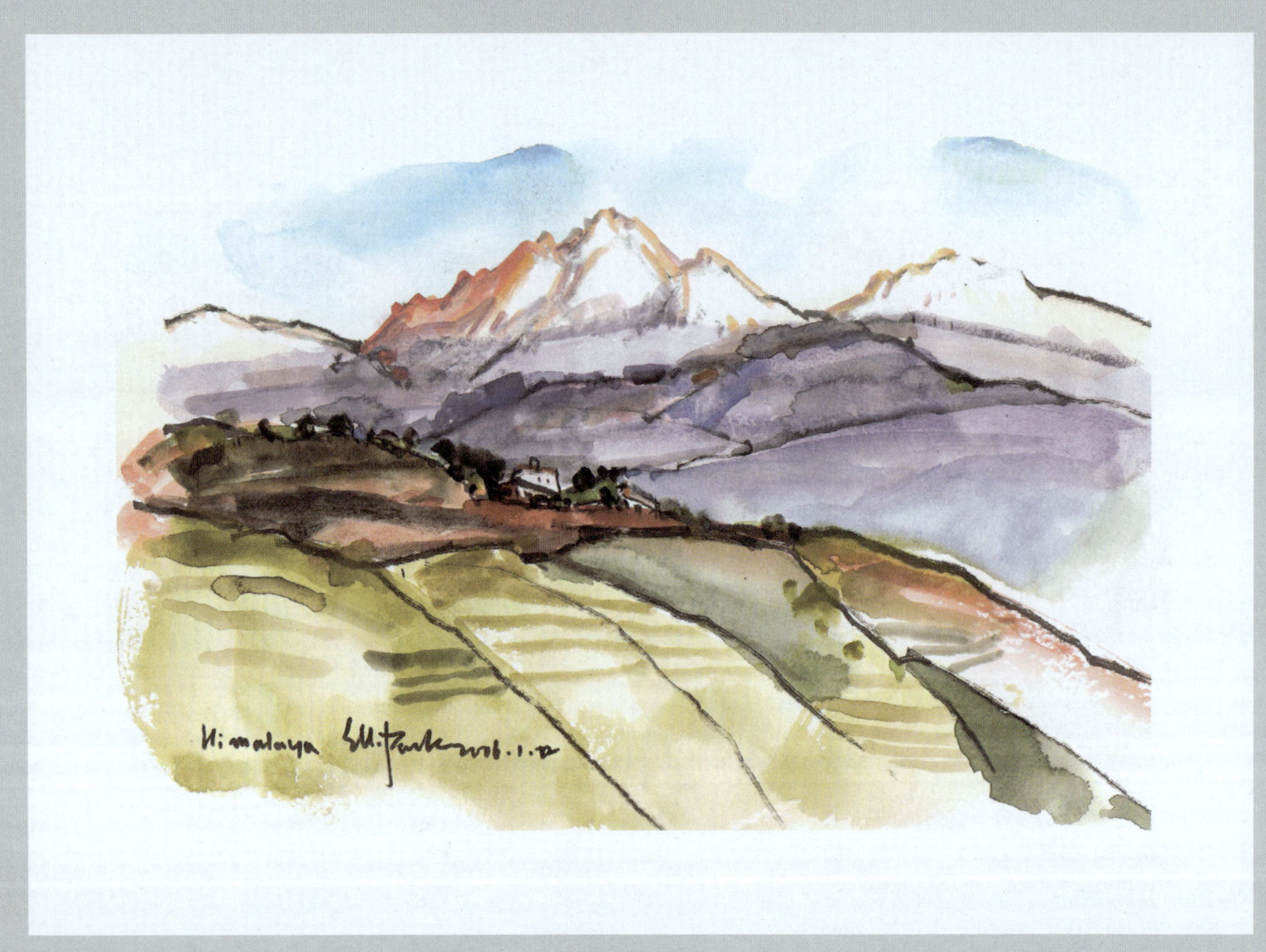

– 에베레스트 –

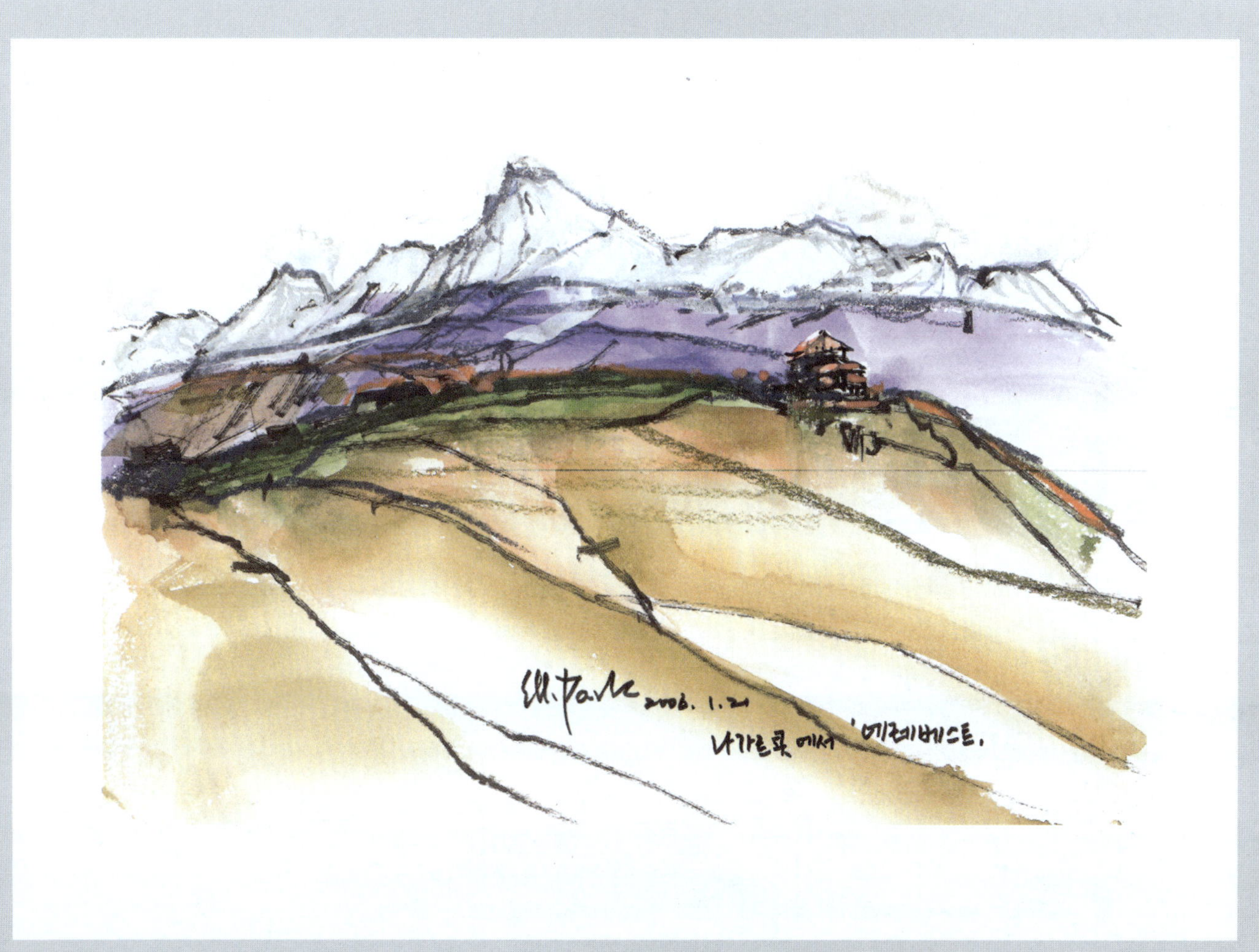

– 에베레스트 –

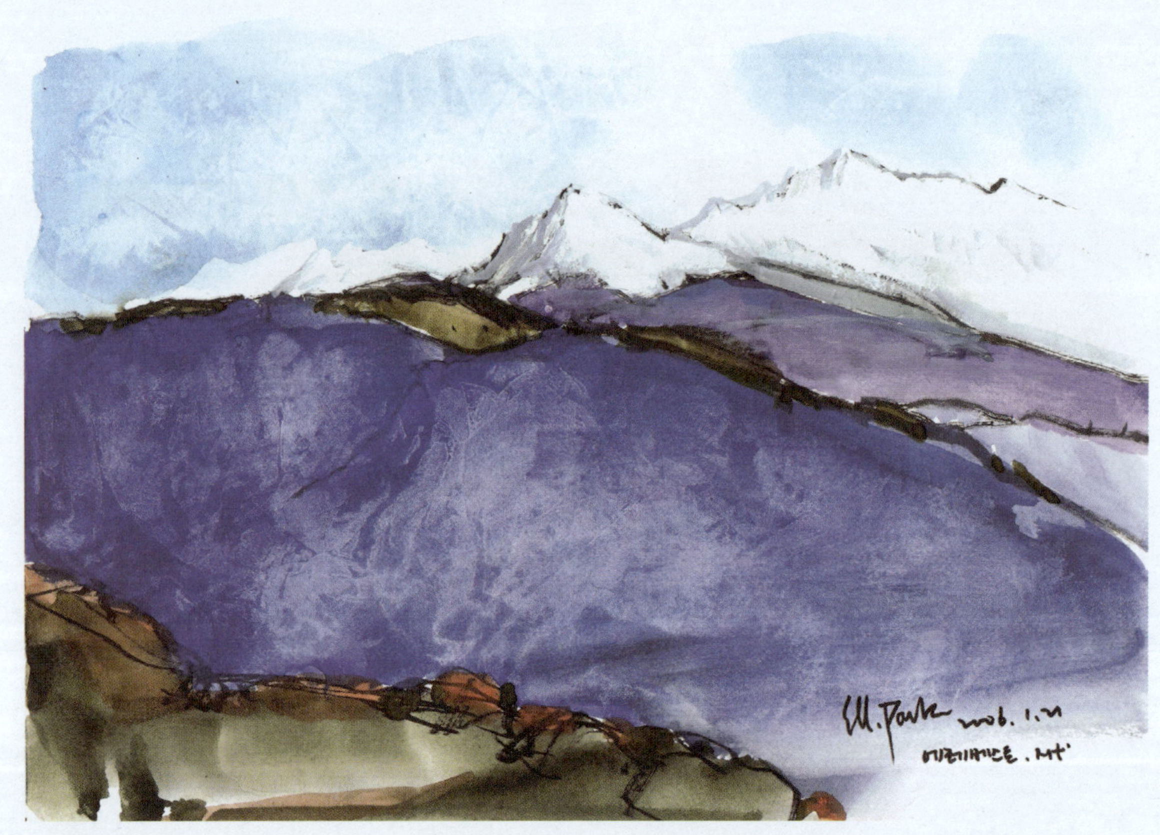

– 에베레스트 –

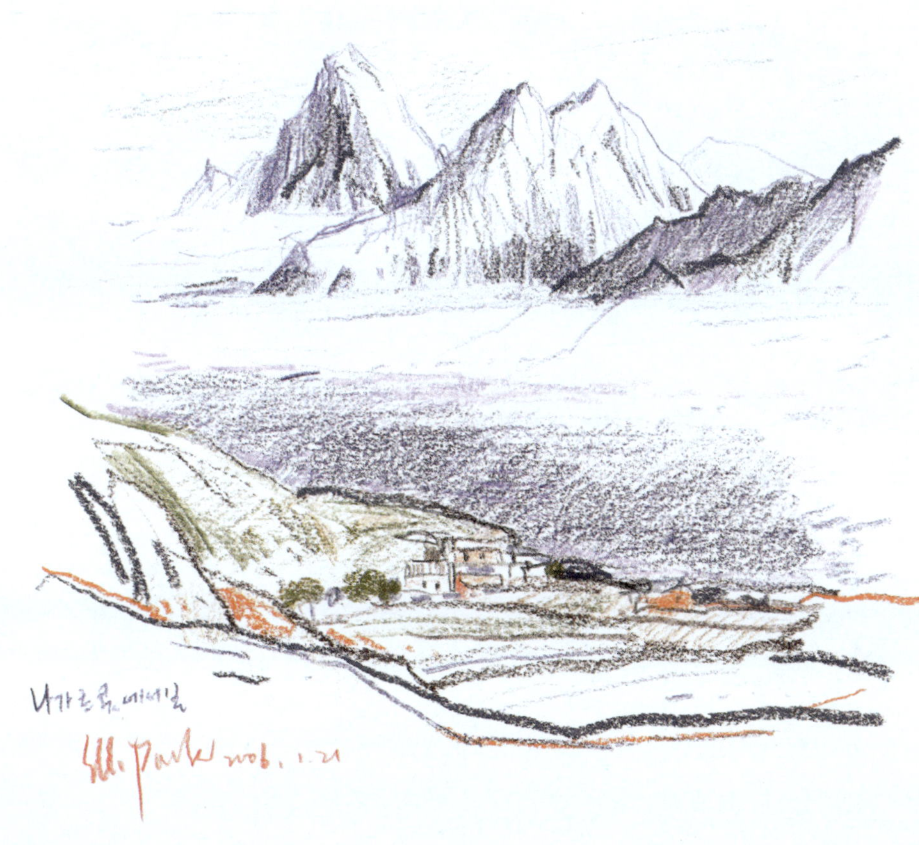

– 에베레스트 –

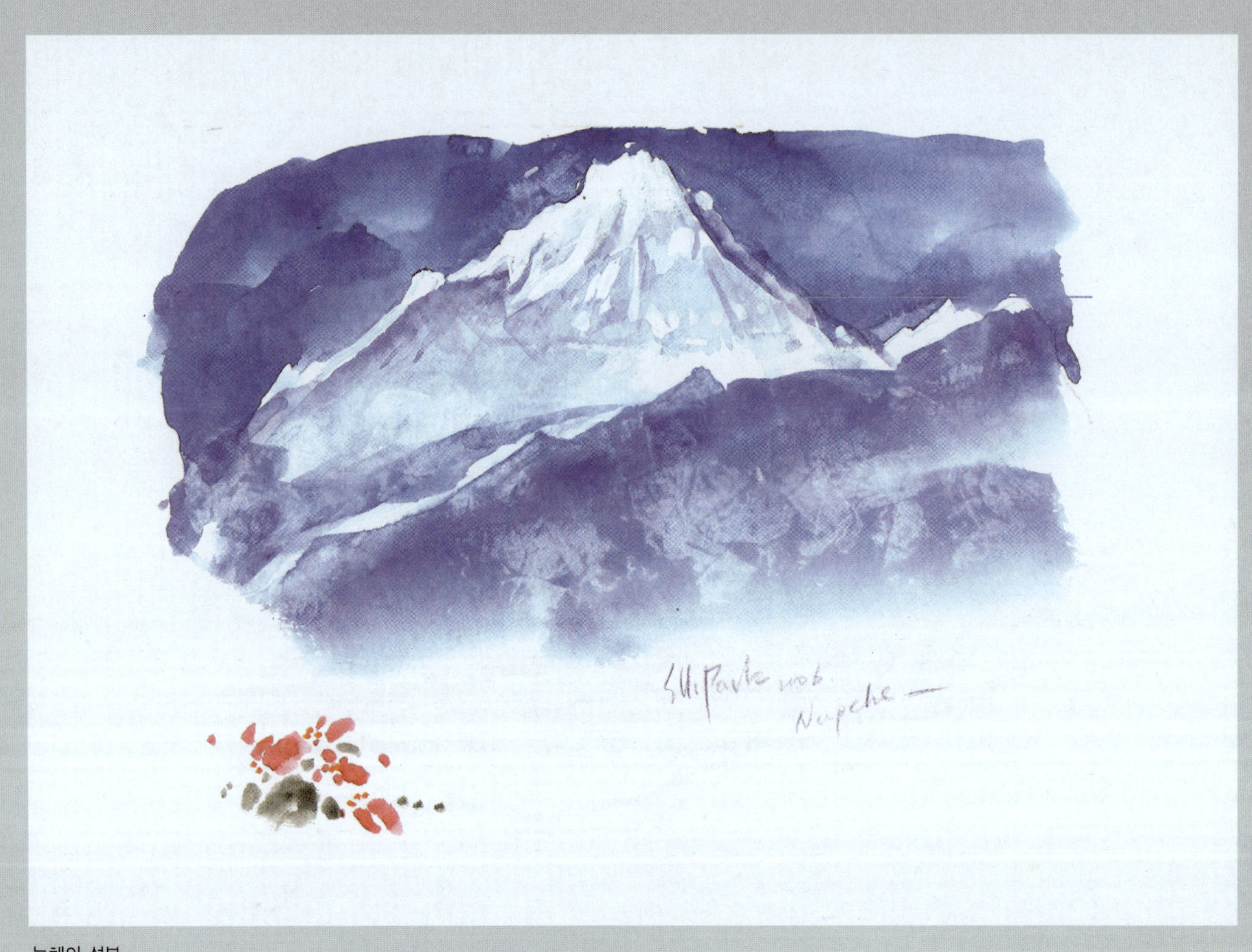

눕체의 설봉.

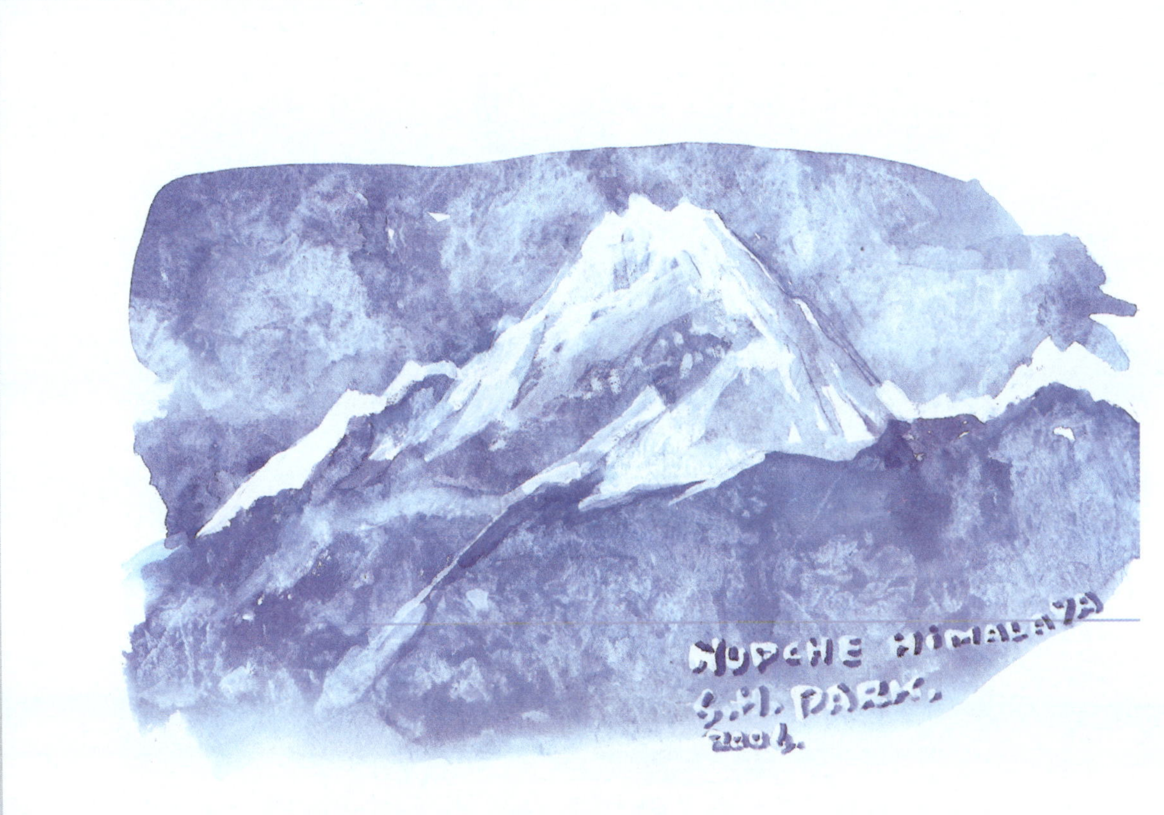

나는 저 히말라야를 보고 감탄으로 말하지 못하고, 그리고 또 그린다.

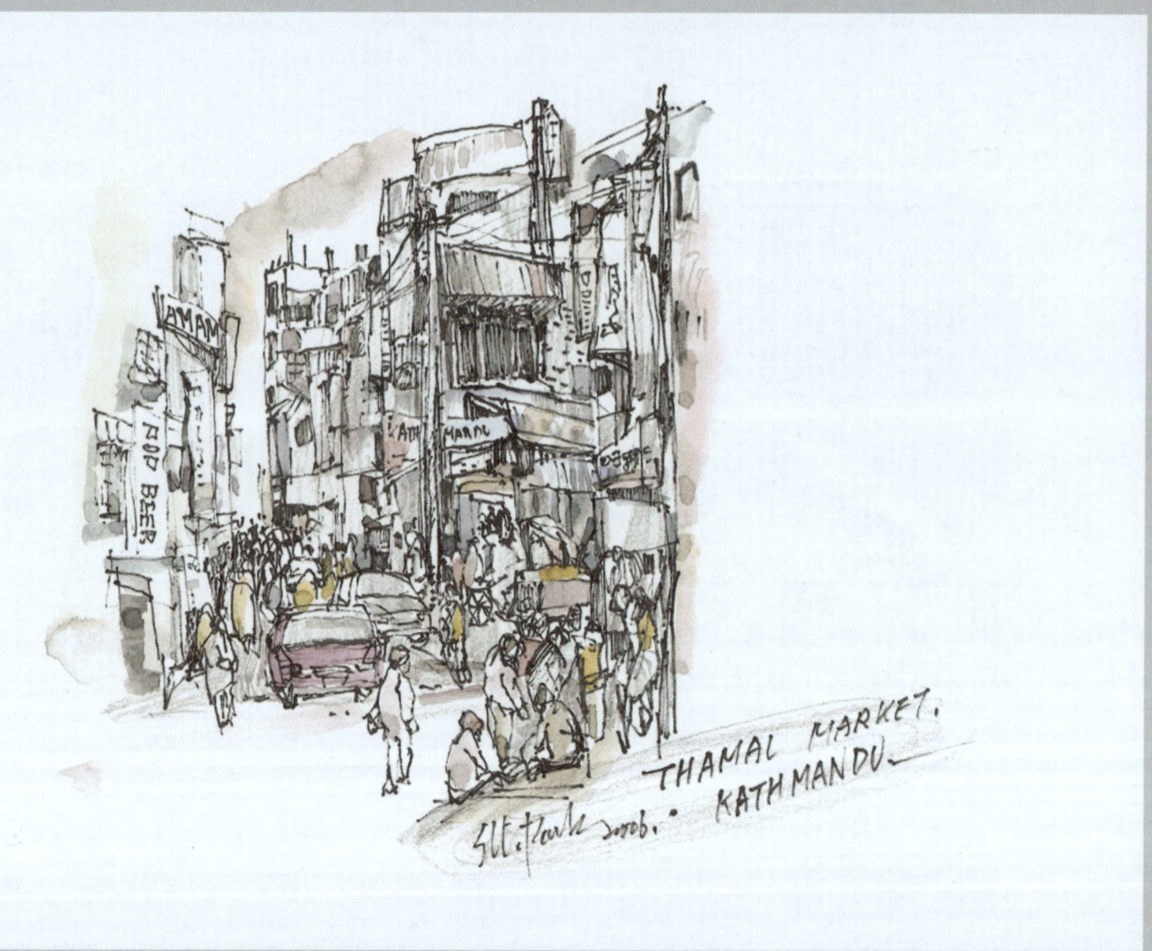

타멜시장의 저녁.

KATHMANDU

30人승 예티 항공은 순식간에 포카라 공항 활주로를 새처럼 날아 오른다. 아무리 올라가도 그놈의 비행기가 하도 작아서 그냥 날개 위에 고봉 히말라야가 펼쳐지니 또 한 이색 장관이다.
카트만두에 도착하니 공항이랄 것도 없고 무슨 버스 터미널 처럼 짐꾼들만 북적 거린다.
매연이 이는 카트만두 시내 거리가 더할것 없이 흙먼지 날리며 지저분하지만 어디 인도 같을까.
그리 복잡치 않고 그래도 여유 없이 250만명 정도 여기 사나?
아무런 위용도 없지만 보이는 것이 불교 사원이다.
점심을 먹고 원숭이 많이 살고 있는 불교사원을 올라갔는데 떼거리의 소굴에 온 기분이다. 중생들이 오늘도 이곳에서 카트만두 시내를 내려다 보며 옴마니반메홈을 하며 뱅뱅 돌고 있다.
재래시장에서 지친 다리를 질질 끌며 기웃거리다, 겨우 그림 한 장 그리고 빨리 Hotel에 가서 쉬고만 싶다,

SH Park.

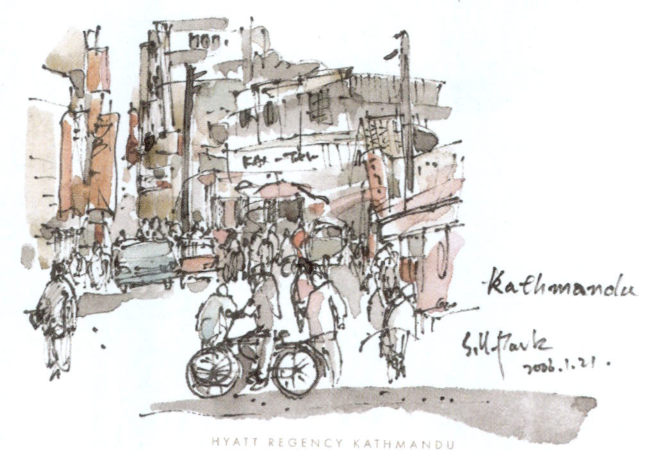

HYATT REGENCY KATHMANDU

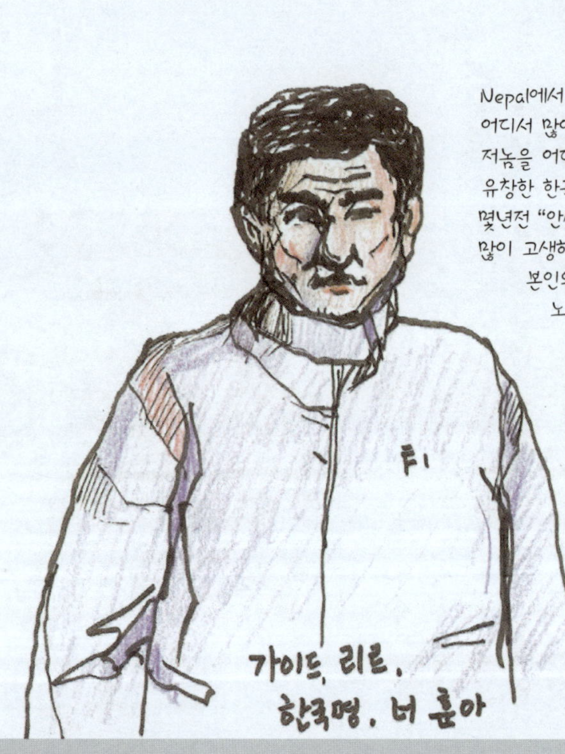

Nepal에서 룸비니로 일찍 찾아온 가이드 리르는
어디서 많이 본 사람이었습니다.
저놈을 어디서 봤드라. 자기 소개를 하는데
유창한 한국말 솜씨가 아주 고급스러웠습니다.
몇년전 "안산"에서 노동자로 왔다가
많이 고생하고 서러워했던 블랑카 같은 노동자였습니다.
본인의 생각이 다른 네팔인과 달라서 아주대학교에서
노동을 하면서 한국어학당을 다니고
이곳 네팔에서 가이드 시험을 본
전문 가이드입니다.
나훈아를 닮아서 너훈아라고 합니다.
노래도 곧잘 하고, 유머도 넘칩니다.
한국말을 아주 잘해서 우리나라 사투리도
잘 섞어서 우리 일행을 웃겨주었습니다.
풀바리 호텔 좋아요 좋지요. 아싸바리...
녀석. 아주 마음에 드는 몽골리안입니다.
다음에 한국에 오면 수원갈비를
먹고싶다나요.
한국에 대해서, 좋은 감정을 가지고
나름대로 부지런하게 살아가는
네팔. 가이드 리르. 생각이 납니다.

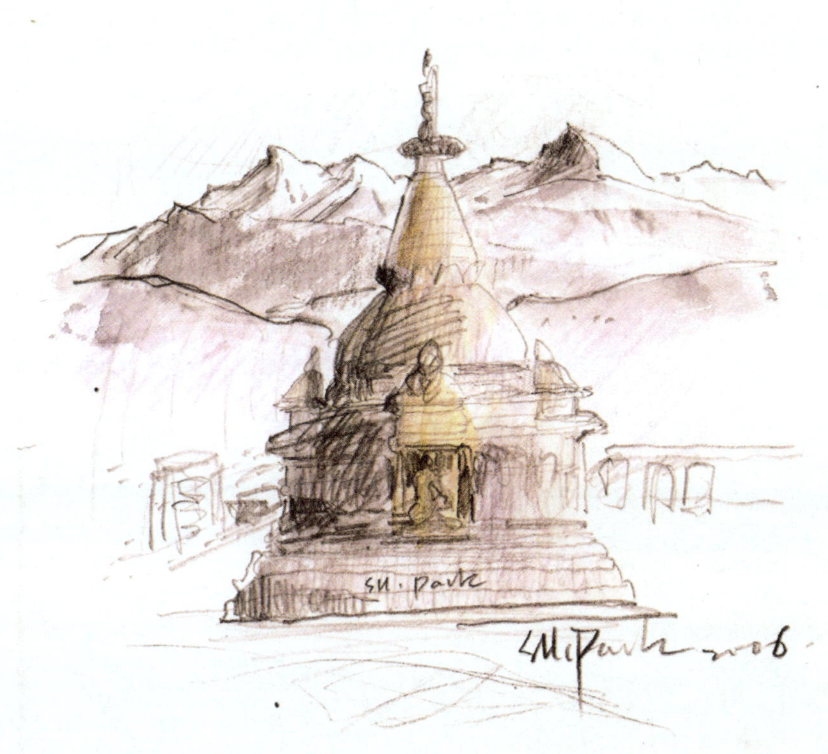

편집후기 히말라야는 내가 마음속으로 항상 그려오던
산의 모습 그대로였습니다.
짧은 일정 보다는
오랫동안 그곳에서 살고 싶었는지도 모르지요.
설산(雪山)의 당당한 자태가 인도 북부의 평원을
강으로 드러눕고, 사람들은 신(神)의 자식으로 태어남을,
어떻게 태어나는지 탓함 없이 자기들 방법대로 살아갑니다.
갠지스에서 만난 그들은 모두 신(神)의
자식으로 만족해하며
자연(自然)과 함께 있었습니다.
난, 그들과 무척 친해졌습니다.
다음엔 화구(畵具)를 전부 들고 친구를 찾아가렵니다.

2006년 박성현

박성현
1953년생.
홍익대학교 미술대학, 대학원 졸업.
개인전 13회(서울, 목포, 파리, 토쿄)
그룹전 및 초대전(400여회)
현재 - 경기대학교 예술대학 미술학부 교수.
주소 - 수원시 장안구 조원동 한일타운
우성APT
Tel - 017-335-4787

Park, Sung-Hyun
Born, 1953
Graduated from Dept. of Art College, Hongik Univers
& Hongik Graduate School of Art.
Private Exhibition 13 times(Seoul, Mokpo, Paris, Toky
Group Exhibitions & Invited Exhibition(400 odd times
Present - Professor of Fine arts division, Kyonggi
University.
Adress - Haniltown Woosung Apt, Jangan-Ku, Suw
Gyeong Gi, R.O.K.
Phone - 017-335-4787(M)

히말라야에서 갠지스까지 – 박성현의 인도스케치
히말라야에 누운 江

1쇄 찍음 | 2006년 4월 20일
1쇄 펴냄 | 2006년 4월 25일

지은이 | 박성현
펴낸이 | 노정자
펴낸곳 | 고요아침

기획 | 이지엽
편집장 | 김창일
편집 | 김상훈, 정상민
영업팀장 | 홍성권

출판등록 | 2002년 8월 1일 제1-3094호
주소 | 120-814 서울시 서대문구 북가좌동 328-2 동화빌라 101호
대표전화 | 302-3144, 3194~5 팩스 302-3198
e-mail | goyoachim@hanmail.net
ISBN 89-91535-96-8 (04980)
ISBN 89-91535-94-1(세트)
값 10,000원